智能时代的人类未来

[澳] 托比·沃尔什（Toby Walsh）——著
闾 佳——译

北京联合出版公司
Beijing United Publishing Co.,Ltd.

代　序

2005年，在庆祝《科学》杂志（science）创刊125周年之际，该杂志社公布了125个最具挑战性的科学问题。在这125个问题中，和人工智能相关的问题只有一个——第94个问题——"通过计算机进行学习的极限是什么？"。

编写这些问题的专家那时也许还不知道，在2005年人工智能已经悄然发生了巨变。以Geoffery Hinton（辛顿）为首的一批计算机科学家应用多层神经网络的算法，借助大数据和高性能计算，带来崭新的智能计算效果，揭开人类新一轮工业革命的帷幕。以深度学习为首的重大变革正在悄然席卷整个人工智能行业。同样，2015年的《科学》杂志刊登了辛顿和学生的文章："深度学习"。

之后的人工智能的历史我们都经历了。在2016年的3月，人工智能系统AlphaGO击败了人类围棋世界冠军李世石，其中深度学习大放异彩。但要说明的是，AlphaGO的这个成就包括了人工智能近期努力的所有结晶：深度学习、强化学习和蒙特卡洛树搜索。

AlphaGO的惊人成就也为社会带来了空前的好奇：人工智能到底是什么？这些科学家在过去60年做了些什么？人工智能的未来将走向哪里？

这些问题也是伟大的哲学家们常问的问题：我们是谁？我们从哪里来？我们去向何方？

而这些问题的重要性远大于人们的好奇心。当蒸汽机刚刚出现的时候，不少人还没有意识到工业革命将因此而发生，以至于没有为后面发生的重大社会经济变革做好准备。工业革命的发生，为竞争者提供了弯道超车的机会。历史告诉我们，这样的机会在一个人的一生当中最多只有一两次。现在，我们终于看到了有强大学习能力的人工智能。那么，人工智能将为人类社会带来哪些机遇呢？

这本书的作者Toby Walsh教授是回答这些问题的最佳人选。我认识Walsh教授有十多年了。印象比较深的一次是2011年在西班牙举办的国际人工智能联合大会（IJCAI），那年Walsh教授是会议的程序委员会主席。IJCAI会议往往是找领域内最有学术成就的人士来担任会议主席，而Walsh教授是这些学者中最有社会责任感的。他不仅将一千多人的大会办得有声有色，而且在这次和以后的几次会议上，他主持的人工智能与社会影响方面的特别讨论会，场场都爆满。他睿智，幽默，很有洞察力和感召力。在2017年的IJCAI大会上，Walsh教授率先发布公开信，带领国际知名人士如太空探索技术公司（SpaceX）CEO兼CTO、特斯拉公司CEO兼产品架构师、太阳城公司（SolarCity）董事会主席埃隆·马斯克（Elon Musk）等呼吁禁止人工智能武器的开发。

今天，中国的人工智能已经在世界舞台上有了举足轻重的分量。在2011年的IJCAI大会上，一个中国公司赞助商的影子都看不到。而在2017年在墨尔本举行的IJCAI大会上，中国公司赞助商则成为主力军；中国的投稿量和文章录取数已经超过美国和欧洲，成为世界第一；文章质量也稳步提升，成为世界关注的焦点。就在不久前，中国在国家战略层面决定大规模投资人工智能研究和产业。中国国务院印发《新一代人工智能发展规划》，提出了面向2030年中国新一代人工智能发展的指导思想、战略目标、重点任务和保障措施，部署构筑我国人工智能发展的先发优势，加快建设创新型国家和世界科技强国。

代　序

在这样的大变革时代，Walsh教授的这本新作来得正是时候。在众多人工智能的新书中，这本书的内容涵盖最广，从人工智能的缘起、发展到未来可能对人类社会产生的影响，都有直接、全面的回答。

所以，如果今天《科学》杂志再次公布最具挑战性的科学问题的话，一定会有关于人工智能的问题。因为人工智能确实关乎人类社会的终极挑战：我们是谁？我们从哪里来？我们去向何方？

杨　强

2018年4月2日

代　序

这本书值得一读！

最近两年，雨后春笋般冒出许多关于人工智能的书籍，但是 Toby Walsh 教授的这本书有所不同：

首先，这本书全面涉及了人工智能的过去、现在和未来，从人工智能研究的历史、现状、局限、挑战，到社会影响、职业威胁、技术奇点、自主武器……几乎无所不包。前三章帮助读者了解人工智能的发展历程和技术现状，后四章则探讨其社会意义和深远影响。可以说，一般读者对人工智能所希望了解的主要内容都可以在这里找到，覆盖面如此之广，实属难得。

第二，这是一本由国际人工智能学界一流专家撰写的科普书。作者 Toby Walsh 教授是澳大利亚科学院院士，也是国际人工智能学会会士（AAAI Fellow），这是国际人工智能学界的崇高荣誉，标志着作者是业内公认的权威专家。市面上关于人工智能的书籍虽多，但水准良莠不齐，由国际一线权威专家撰写的高质量科普著作尤为少见。

第三，这本书很好读。人工智能是计算机学科的主流分支之一，很多研究内容涉及繁复的理论推导和程序实现。但本书读起来却很轻松，全书甚至没有使用任何数学公式！恐怕正因为作者是真正的专家，才能通俗易懂、简单明了地说清复杂的问题。这不啻是读者的福音，各种知识背景的读者都能通过本书对人工智能有一个全景式的概貌了解。

Toby Walsh 教授与愚常在国际学术会议上碰面。8 月初他请作序，愚因未读不敢妄评。Toby 即请国外出版社惠寄样书,不料连邮两次均未收到。11 月底才拿到英文书稿。抽空读罢,深感出色,尤其前三章深入浅出,注释的熟人故事妙趣横生,其后各章亦纵横捭阖,令人不忍释卷。冀望中译本能准确传递原貌,以使本书惠及更多读者。

2018 年 3 月于南京

中文版前言

在即将到来的人工智能革命中,中国已经将自己放到了中心的位置。我很高兴这本书的中文版能够付梓。见证本书讨论的巨大变化,中国必定是个绝佳的地方。事实上,中国似乎有望引领我们走向这一未来。

5年前,我们许多从事人工智能工作的人,看到中国展现出了可观的潜力。中国加大了对大学的资金投入,并拥有广泛的人才队伍。为了帮助并激励中国研究界,2013年,我们决定将顶尖的人工智能大会——国际人工智能联合会议——放到中国举办。

今天,我们看到,当初的潜力逐一变成了现实。作为后起之秀的中国已跻身研究和实践两方面的顶尖国家之列。2017年9月,高盛公司发布报告,名为《中国在人工智能中崛起》,介绍了世界第二大经济体怎样应用人工智能推动经济进步,成为重要的全球角逐者。

在学术界,中国也日益成为重要角色。2017年,提交给国际人工智能联合会议的报告,1/3来自中国,数量等于美国和欧洲所提交材料的总和。此外,尽管这次会议在澳大利亚召开,仍有1/4的代表来自中国。

中国把自己的未来公开地押注在了人工智能上。这是深思熟虑的决定,极有成功的把握。中国的人口逐渐城市化,面临着人口结构发生变化的挑战。中国需要人工智能带来的生产力,继续与周围生产成本更低的邻国竞争,满足本国越来越庞大的中间阶层人口。

2017年7月,中国政府公布了一份发展规划,计划到2030年成为人工智能的全球领跑者，创造10万亿元产值的国内人工智能行业。现在有迹象表明，该计划正顺利推进。

中国有许多天然的优势，可以帮助它赢得这场人工智能赛跑。类似谷歌、Facebook和亚马逊这样的美国大型科技巨头为数极少。中国却有着可与之一较高下的竞争者：腾讯、阿里巴巴和百度等公司。

中国还有可提供给人工智能算法的数据。中国拥有7.5亿互联网用户（包括全世界最大的智能手机用户市场），贡献出一口庞大的数据金矿。腾讯的微信软件，在全球有着近10亿用户，阿里巴巴集团则拥有5亿淘宝活跃买家。

这些中国公司，有许多都为人工智能投入了数亿人民币。此外，中国政府出台了有利于这些中国公司发展的保护政策，后者从前"山寨"硅谷，如今反倒常常一路领先。

自从5000年前发明算盘之后，计算的历史似乎没怎么朝中国投去目光。但未来一两百年里，人工智能的历史很可能会把视线大量汇聚在这个全世界人口最多、届时甚至可能是最为富裕的国家身上。

致 A 与 B
是你们让我的生活如此有趣

引　言

让我从一句来自 1950 年的引言开始吧。当时的世界是个简单得多的地方。电视是黑白的。喷气式飞机尚未进入民用领域。硅晶体管还没发明问世。全世界一共只有十来台电脑。[1] 每台都是满满当当的真空管、继电器、插接板和电容器的华丽组合，能塞满整个房间。

因此，只有一个胆量十足的人才敢预测说："我相信，到了 20 世纪末，语言的用法和受过教育者的普遍观点将会出现重大转变，人可以说'机器在思考'，且不认为这自相矛盾。"[2] 多么大胆的想法呀！能思考的机器。在不远的将来，机器真的能思考吗？如果它们真的能，它们什么时候会变得比我们更擅长思考呢？

但首先——是谁做出了这一大胆的预测呢？他们的预测有多大的分量？1999 年，《时代》杂志将提出这一预测的人推选为"20 世纪百位最重要人物"之一。[3] 毫无疑问，他是 20 世纪最高深莫测的一个人物。他是一位数学家，一位"二战"英雄。更为重要的是，他是一位梦想家。而且，直到今天，在他英年早逝很久以后，他的梦想仍对我们产生着影响。

一部奥斯卡获奖影片讲述了他在第二次世界大战期间破解德国 Enigma 密码中发挥了何等关键的作用。温斯顿·丘吉尔形容他和这些从事密码破译工作的同事是"下金蛋的鹅——但从不呱呱叫"。按大多数历史学家的估计，破解出 Enigma 密码，至少将战争缩短了两年。这无疑挽救了数百万人的生命。但我怀疑，到了 21 世纪末，人们对这位天才记得最多的事，不会是他破解过密码。

在破解Enigma密码的过程当中，他奠定了计算机的理论基础，并帮助开发了用来破解德军密码的实用计算设备"邦比"（Bombe，第一批此类设备之一）[4]。他的理念渗透到了当今的整个计算机科学领域。第一台计算机还没问世，他就提出了一套彻底通用的基本计算机模型。[5]为了表彰他的贡献，计算机领域最负盛名的奖项以他的名字命名。尽管计算机在我们生活的方方面面都发挥着巨大影响，但我猜，人们最记得他的地方，不会是他奠定了计算机科学的诸多基石。

他对发育生物学的分化和形态发生（morphogenesis）这一生物学分支也产生过巨大影响。他在全世界历史非常悠久的科学期刊之一发表过一篇论文，名为《形态发生的化学基础》（The Chemical Basis of Morphogenesis）。[6]该刊物此前的作者包括达尔文（Charles Darwin，他的进化理论改变了我们对自身的认识）、亚历山大·弗莱明（Alexander Fleming，他发现了青霉素，挽救了数千万人的生命）、詹姆斯·沃森、弗朗西斯·克里克和多萝西·霍奇金（James Watson, Francis Crick和Dorothy Hodgkin，他们发现了DNA结构，开启了基因革命）等生物学界的标志性人物。他的论文就自然界形成图案提出了一套理论，解释了动植物身上条纹、斑点和螺旋的形成。如今，这篇论文的引用次数是他著作里最高的。即便如此，我还是怀疑，到了21世纪末，人们对他的贡献记得最清楚的，恐怕不会是图案形成。

他还是同性恋社群里的一个重要人物。20世纪50年代，同性恋在英国不合法。1952年，他因同性恋行为遭到起诉，随后又接受了药物阉割，许多人认为这一切导致了他最终自杀，象征英国政府抛弃了这样一个在"二战"中做出了巨大贡献的人物。[7]2009年，经过了民众的一轮公开请愿，首相戈登·布朗（Gordon Brown）最终为他的遭遇表示歉意。4年后，女王签署了极少见的皇室赦免书。不足为奇，同性恋社群的部分人士视他为烈士。但我怀疑，到了 21 世纪末，人们对他最深刻的缅怀，恐怕不会缘自这些私人问题。

那么，人们对他记忆最深刻的到底会是什么呢？我想，那会是他在不怎么出名的哲学杂志《心智》（*Mind*）上发表的一篇论文。本章开头的引文便出自该论文。截至当时，《心智》最出名的地方应该是发表了刘易斯·卡罗尔（Lewis Carroll）探讨芝诺悖论逻辑的论文《乌龟对阿基里斯说了些什么》（*What the Tortoise Said to Achilles*）。[8] 到了今天，我们引言的出处被视为人工智能史上最重要的一篇论文。[9] 它设想未来的机器会思考。我们的作者撰写这篇论文的时候，世界上仅存的十来台电脑又大又昂贵。它们的功能远远不如你今天揣在口袋里的智能手机强大。在那时候想象计算机会对我们的生活产生什么影响显然很难。想象有一天它们会自己思考，就更难了。然而，论文预见到了日后人们否定思考机器的各种观点，并一一作了反驳。很多人都把这篇论文的作者看成是人工智能领域的奠基之父。

当然了，他就是皇家学会研究员艾伦·麦席森·图灵（Alan Mathison Turing），生于 1912 年，逝于 1954 年。

我预测，到 21 世纪末，艾伦·图灵最为人铭记的地方是，为思考机器开发领域奠定了基础。这些机器注定将急剧改变我们的生活，一如蒸汽机在工业时代初始之时。它们将改变我们的工作方式、我们的教育方式、我们对待疾病与衰老的态度，并最终改变人类得以为后代铭记的方式。它们很可能会是我们最具变革性的作品。科幻小说里充斥着会思考的机器人。科学事实正紧跟在它后面追赶。

我们的生活正大步飞奔着冲向科幻小说里梦想的未来。我们每天都携带的掌上电脑可以回答最稀奇古怪的问题，用游戏和电影为我们提供娱乐，迷路的时候指引我们回家，帮我们寻找工作或生活伴侣，播放一首情歌，让我们跟世界各地的朋友即刻连接。思考机器"变身"成手机，只是它们最不值一提的作用。

当然，我的这一预测（认为图灵最大的遗产就是帮忙开创了人工智能领域）会引发几个问题。到了下个世纪之交，这些能思考的机器会记得图灵吗？那会是一个美好的未来吗？机器人会接手所有艰苦危险的工作吗？我们的经济会继续繁荣发展吗？我们能减少工作时间，享受更多假期吗？还是说，好莱坞是对的，未来很艰难？富人会越来越富，而我们其他人越来越穷？我们中会有更多人失业吗？甚至，更糟糕一点儿，机器人最终会接管整个世界吗？我们如今正在播撒自我毁灭的种子吗？

本书将探讨这些问题。它将预测人工智能会把我们带向何方。在第一部分，我会考察我们能从过去学到些什么教训。如果你知道一种技术的源头，或许能更好地理解它的发展方向。在第二部分，我审视了当今人工智能的发展，审视了制造思考机器的风险和收益。我尝试现实地评估这一伟大尝试带来的结果。制造思考机器无疑是一项雄心壮志的努力，如能成功，定将对社会造成巨大影响。最后，在第三部分，我会更详细地讨论人工智能的未来。书籍和电影里的狂野未来会变成现实吗？它们够不够异想天开？而我也将"亲身试水"，对"2050年人工智能将取得什么样的成就"做出十项预言。有些预测说不定会叫你大吃一惊。

如今正是人工智能领域大火的时代。过去5年，数十亿美元的风险投资涌入了人工智能企业。[10]重注已经押下。计算巨头IBM在旗下的认知计算平台沃森（Watson）上押了10亿美元。[11]丰田为研究AI无人驾驶技术投入了10亿美元。开发安全通用人工智能的项目OpenAI，也得到了10亿美元的资金支持。2015年创办的软银愿景基金（SoftBank Vision Fund），背靠沙特阿拉伯的资金支持，拥有差不多上千亿美元投资技术公司，以人工智能和"物联网"为焦点。谷歌、Facebook和百度等技术行业大佬，也在大手笔地投资人工智能。毫无疑问，在这个领域工作，当下正是一个非常激动人心的时刻。有了这么多的资金投入，思考机器的开发说不定还会加速。

引 言

为什么阅读本书？

今天，计算机正以惊人的速度改变着我们的生活。因此，全球范围内，人们渴望对人工智能获得更深入的了解。许多评论家都预言会出现了不起的事情。2016年5月，微软英国分公司的首席构想官戴夫·科普林（Dave Coplin）非常大胆地提出：人工智能是"当今地球人们着手从事的最重要的技术"。他说："这将改变我们跟技术的关系。它将改变人与人之间的关系。我认为，它甚至会改变我们对人类这个概念的看法。"

一个月前，谷歌首席执行官桑达尔·皮查伊（Sundar Pichai）介绍说，人工智能是谷歌的战略核心。"关键的动力……是我们对机器学习和人工智能的长期投入……展望未来……我们将从'手机优先'进入'人工智能优先'的世界。"

然而，其他不少评论家则预测，人工智能蕴含着许多危险，如果我们不够谨慎的话，它甚至有可能加速人类的灭亡。2014年，埃隆·马斯克（Elon Musk）向麻省理工学院的听众发起警告："我们对人工智能应该非常谨慎。如果非要我猜什么会对我们的生存造成最大威胁，那大概就是它了。"马斯克是位连续创业家，以发明并投资了贝宝（PayPal）、特斯拉汽车和SpaceX而闻名于世。他通过创新，撼动了银行业、汽车业和太空旅行业，所以，想必你会承认他对技术，尤其是计算技术对世界的破坏力略知一二。马斯克用自己的钱来支持上述观点（人工智能对人类生存构成重大威胁）。2015年初，他向人类未来研究所（Future of Humanity Institute）捐赠了1000万美元，资助研究人员探索怎样确保人工智能的安全性。对一个像马斯克那么富有的人（他的身价约为100亿美元，跻身全世界最富有的100人之列）来说，1000万听起来不像是个太大的数目。但到2015年晚些时候，他又把赌注提高了100倍，宣布自己是OpenAI项目所得10亿美元背后的主要出资人之一。该项目的目标是开发安全的人工智能，再将它开放给全世界。

马斯克提出警告之后，物理学家史蒂芬·霍金（Stephen Hawking）也认为人工智能具有危险性。霍金一面欣喜自己的语音合成器软件升级了，一面略带讽刺地用该技术的电子嗓音发出警告："全面人工智能的发展，有可能召唤出人类的灭亡。"

其他一些知名的技术专家，包括微软的比尔·盖茨（Bill Gates）和苹果的史蒂夫·沃兹尼亚克（Steve Wozniak，即著名的"沃兹"）也都预测人工智能的未来充满危险。1987年，信息理论之父克劳德·香农（Claude Shannon）写道："我想象，有一天，我们之于机器人，就如同今天的狗之于人类……我为机器喝彩！"[12] 就连艾伦·图灵自己，也曾在1951年BBC第三套节目的广播里提出了警示性的预测：

如果机器能够思考,说不定在思考上比我们还聪明,那将把我们置于何地? 就算我们能让机器继续处在臣服的位置，比方说，在战略时刻关掉电源，从物种的角度讲，我们也应当感到极大的卑下……它……绝对会是能给我们带来焦虑的东西。

当然，不是所有技术专家都担心思考机器会对人类造成什么负面影响。2016年1月，Facebook的马克·扎克伯格驳斥了这一类的担忧："我认为人类能够开发出可以为我们工作、可以帮助我们的人工智能。有些人担心人工智能会成为重大危险，但在我看来这有些牵强，它的发生概率比大规模疾病、暴力等导致的灾难要低得多。"中国互联网巨头百度的顶尖人工智能研究员吴恩达表示："担心人工智能，就跟担心火星上人口太多差不多。"（别忘了，马斯克的另一个"登月"项目就是移民火星……）

那么，你相信谁才好呢？如果马斯克和扎克伯格这样的技术人员都无法达成一致意见，这不就恰恰意味着至少有些事值得我们担心吗？对人工智能的担忧由来已久。科幻小说作家阿瑟·克拉克（Arthur C. Clarke）是一位非常优秀的未来愿景家，早在1968年，他就预言人工智能会带来危险后果。克拉克十分擅长预见未来的技术。他预见了地球同步卫星、全球数字图书馆（我们现在称之为互联网）、机器翻译等应用。他在小说《2001太空漫游》（*2001: A Space Odyssey*）里描述的哈尔9000型电脑，就展示了人工智能接管地球造成的后果。

受克拉克及其他有远见卓识的人士的启发，我从孩提时代起就开始对人工智能心怀梦想。我日后一直在这个领域工作，试图让这些梦想成真。所以，听到这个领域之外的人（尤其是非常聪明的物理学家和成功的科技企业家）预测人工智能将成为人类的终结，不免让我有点儿焦虑。最靠近现场的人能为这场辩论提供一些有帮助的思路吗？还是说，我们在自己做的事情里投入得太深，反而看不到这些风险了？再说了，为什么我们会致力于研发有可能毁灭自己的东西呢？

对人工智能的一些担忧兴许来自我们心灵深处的某个部分。普罗米修斯等神话故事（普罗米修斯是希腊神话里的神明之一，他把火种带给了人类，后来，火为人类造了许多福，也造了许多孽）就体现了这种恐惧心理。玛丽·雪莱（Mary Shelley）笔下的科学怪人弗兰肯斯坦也表达了同样的恐惧——我们创造出来的东西有可能会伤害我们。但仅仅因为这种恐惧由来已久，并不意味着它来得没有道理。人类发明的许多技术都应该（也的确曾）让我们停下来好好想一想，比如：核弹、克隆、激光致盲武器和社交媒体。本书的目的之一，就是帮助你理解对思考机器的降临，你应该秉持几分的欢迎、几分的忧心。

辩论存在的一个问题是，外面的人对人工智能有很多误解。我希望消除一些误解。我的论点之一是，人们，尤其是这个领域之外的人，往往会高估当今和不远的将来人工智能的能力。他们看到一台计算机下围棋下得比任何人类都好[13]，又因为他们自己不会下围棋，便想象计算机也能做许多其他需要智力的任务，或者至少这么说，让机器做许多其他需要智力的任务并不困难。然而，围棋程序，和我们今天设计的所有其他计算机程序一样，属于白痴天才。它只能做好一件事。它甚至不能既下象棋又打扑克。人类要付出巨大的工程、努力，才能让它从事其他游戏。它绝不可能有一天早晨醒来，就觉得下围棋击败我们挺无聊，想玩玩在线扑克，给自己赢点儿钱。它更不可能有一天早晨醒来，突然想到要统治世界。它没有欲望。它是一套计算机程序，只能按照程序的要求去做事——把围棋下得特别好。

另一方面，我还认为，我们所有人都倾向于低估技术带来的长期变化。我们拥有智能手机才不过十来年时间，看看它们给我们的生活带来了多大的转变。想想互联网，它才不过二十多岁，却几乎改变了我们生活的每个方面——所以，想想未来 20 年会出现些什么变化吧。由于技术的倍增效应，未来 20 年有可能出现比过去 20 年更大的变化。我们人类很不擅长理解指数增长，因为进化是从应对眼前危险这个角度对我们进行优化的。我们不善于理解长期风险，也不擅长预期黑天鹅。[14] 如果我们真的清楚地理解了长期，我们不会再购买彩票，我们会存更多的养老金。我们追求愉悦、回避痛苦的大脑，很难理解复合增长带来的进步。我们只生活在此时此刻。

在你更深入地阅读本书之前，我必须提醒你：预测未来的确是科学，但并不精确。丹麦物理学家和诺贝尔奖得主尼尔斯·玻尔（Niels Bohr）写道："预测非常困难，预测未来尤其困难。"按我的预计，我所描写的宽泛情形应该是正确的，但一些细节肯定是错的。但在探索这些设想的过程中，我希望你能理解我和数千名同行为什么要把自己的一生投入到这条能带我们通往思考机器的刺激之路上。我希望你们明白，如果想要继续改善全人类的生活质量，为什么我们应该，也必须去探索这条路。我们在若干领域有道义责任要开发人工智能，因为它能拯救无数的生命。

最后，我希望你能想一想，社会本身有什么样的改变需求。这本书的终极信息是，人工智能可以引领我们走上许多条不同的道路，一些好，一些坏，但社会必须选择该选哪一条路，并根据这一选择采取行动。很多决策，我们可以交给机器去做。但我认为，只有某些决定可以交给机器去做，哪怕机器作决定比人类更好。从社会的角度来说，该把什么事情交托给机器，我们需要着手作出选择了。

什么人应该阅读本书

本书面向对这个话题有兴趣但并非专业的读者。你或许想了解人工智能将把我们带往何处。还会出现什么样的有关思考机器的夸张预测呢？技术奇点会出现吗？你应该为它带我们走上的方向感到担忧吗？它对你和你的孩子们有些什么样的影响？如果某些预测能成真，到那一天还需要多长时间？为了避免读到一半接不上气，我把引用和额外的技术性说明放在了尾注当中。你可以完全不管它们把这本书读完。[15] 不过，如果你想更深入地探讨一个概念，这些注释能带给你更多的细节，它们也是通往相关文献的跳板。现在，让我们上路吧。

目 录

第一部分
人工智能的前尘旧事

第一章 人工智能之梦

人工智能史前史 | 002
来计算吧 | 003
布尔和巴贝奇 | 004
第一位程序员 | 006
逻辑革命 | 008
数学的终结 | 010
无法计算的事物 | 011
计算机问世 | 013
达特茅斯及其他 | 013
大西洋对岸 | 015
早期的成功 | 016
我们的机器大师 | 017
你感觉如何 | 018
早期的失败 | 020
对常识进行编码 | 021
对人工智能的批评 | 023
人工智能周期 | 024
人工智能之春 | 025
无人驾驶汽车 | 027
亲爱的沃森 | 028
围棋之王 | 029
看不见的人工智能 | 031

第二章　测量人工智能

图灵测试 | 033

勒布纳奖 | 034

电脑程序通过了图灵测试？ | 035

超越图灵测试 | 037

元图灵测试 | 040

恐怖谷 | 040

乐观预测 | 042

悲观预测 | 043

专家意见 | 044

前面的路 | 046

第二部分　人工智能的现状

第三章　当今人工智能的情况

四大部落 | 048

两大洲 | 051

机器学习的情况 | 051

自动推理的情况 | 054

机器人的情况 | 059

计算机视觉的情况 | 062

自然语言处理的情况 | 064

人工智能和游戏 | 067

目录

第四章 人工智能的局限性

强人工智能 | 076

通用人工智能 | 078

反对人工智能的观点 | 079

机器能拥有创造力吗 | 080

"难题" | 082

缄默限制 | 084

人为限制 | 086

机器合作伙伴 | 089

伦理限制 | 090

算法歧视 | 093

隐私 | 094

错误身份 | 095

危险信号 | 096

新法律 | 097

危险信号示例 | 098

反对危险信号法 | 101

奇点 | 102

数学上的两点困惑 | 104

奇点可能永远不会到来 | 104

模拟大脑 | 112

解决智能 | 113

人类的限制 | 114

集体学习 | 114

第五章 人工智能的影响

人工智能与人类 | 117

你应该担心吗 | 119

我们最大的风险 | 120

人工智能和社会 | 121

弟兄之海 | 122

人工智能和经济学 | 122

多少就业岗位受到威胁 | 124

哪些工作岗位可能会消失 | 128

从革命中生存下来 | 144

机会"金三角" | 145

人工智能和战争 | 146

禁止杀手机器人 | 147

反对意见#1：机器人更有效 | 149

反对意见#2：机器人更符合道德规范 | 150

反对意见#3：机器人可以只对付机器人 | 151

反对意见#4：自主武器已经存在，且为必需 | 151

反对意见#5：武器禁令不管用 | 152

禁令怎样发挥作用 | 153

杀手机器人@联合国 | 154

人工智能的失效 | 156

增强智能 | 157

社会福祉 | 158

研究人工智能带来的影响 | 159

第三部分　人工智能的未来

第六章　技术变革

教训一：要付出代价 | 164

教训二：不是所有人都会赢 | 166

教训三：技术内嵌着强大的观念 | 167

教训四：改变不是渐进的 | 168

教训五：新技术成为常态 | 169

教训六：我们并不知道自己想要什么 | 170

这次不一样 | 171

新经济 | 172

钱为人人 | 173

梦游着走进未来 | 174

第七章　十项预测

预测之一：禁止你驾驶汽车 | 177

预测之二：你每天都看医生 | 179

预测之三：玛丽莲·梦露重返银幕 | 180

预测之四：计算机能聘请你，也能炒了你 | 181

预测之五：你对着房间说话 | 182

预测之六：机器人抢银行 | 183

预测之七：德国队输给机器人队 | 184

预测之八：全球各地穿梭着无人驾驶的船只、飞机和火车 | 185

预测之九：电视新闻不再由人类制作 | 186

预言之十：我们死后继续"活"下去 | 187

尾声 | 191

参考书目 | 195

注释 | 201

第一部分

人工智能的前尘旧事

第一章 人工智能之梦

为理解人工智能将把我们带往何方，弄清楚它从哪儿来、今天在哪儿，会大有帮助。接下来，我们再从这里出发，推断未来。

研发人工智能的努力，正式始于1956年，奠基人之一约翰·麦卡锡（John McCarthy）[1]在今天已经出了名的新罕布什尔州达特茅斯夏季研究项目中提出了这个名字。[2]说起来，麦卡锡选择这个名字是很不明智的。智能（Intelligence）本身是个不够明确的概念。而且，把"人工"这个词放在任何东西前头，都绝对不好听。它给你带来了许多关于"天然智能"和"人工愚蠢"的笑话。但不管是好是坏，我们现在还是用着这个名字。这个概念的历史可以追溯得更久远——甚至追溯到计算机发明之前。几百年来，人类一直想着能思考的机器，以及我们怎样塑造思维。

人工智能史前史

和许多故事一样，这个故事并没有一个明确的开头。不过，它跟逻辑的发明故事密切相关。公元前3世纪或许可算是一个起点，当时亚里士多德开创了形式逻辑领域。没有逻辑，我们就没有当代数字计算机。逻辑往往（现在依然）被视为一种思考模式，一种精确说明我们怎样推理、形成论据的手段。

亚里士多德之后的2000多年，除了一些用于计算天体运动、完成其他初级计算的机械式机器，人类在制造思考机器方面毫无进展。但公平地说，要想在中世纪的黑暗时代存活下来,即便是最先进的国家,人们还是有太多的事情要对付了,比如战争、疾病、饥饿。

这期间有个突出的人物,是 13 世纪加泰罗尼亚作家、诗人、神学家、神秘主义者、数学家、逻辑学家和殉道者拉蒙·柳利(Ramon Llull)[3]。有人认为柳利是计算奠基人之一。他发明了一种原始逻辑,可以用机械方式,识别出他所谓的有关一个主题的所有可能真相。这样一来,他就成了第一批利用逻辑和机械方法产生知识的人物。然而,柳利的设想在当时并未得到大范围认可,尽管它们可能对我们这个故事里下一位要出场的人物产生了强烈的影响。

来计算吧

随着中世纪蒙蔽心智的迷雾开始消逝,我们的故事渐渐提速。戈特弗里德·威廉·莱布尼茨(Gottfried Wilhelm Leibnitz)[4]是这期间出现的杰出人物之一。他最远见卓识的一点智慧贡献是,他认为人类的思想可以简化成某种运算,这种运算可以识别出我们推理中的错误,或是解决观点分歧。他写道:"校正我们推理的唯一方式就是让它们像数学家的工作一样具体,故此,我们可以一眼看出其中的错误。如果不同的人产生争执,我们可以简单地说:来计算吧,不用多说就能看出谁是对的。"[5]

莱布尼茨提出了一种原始逻辑来执行这种计算。他构思了一套"人类思想字母表",每个基本概念都由一个独特的符号来表示。归根结底,计算机也无非是操作符号的引擎。[6]如果数字计算机真的要"思考",莱布尼茨的抽象概念必不可少。论据如下:就算计算机只能操作符号,如果这些符号代表了基本概念(一如莱布尼茨所提出),那么,计算机就能够产生新的概念,进而执行与人类似的推理过程。

大约在同一时期,我们还出现了一位哲学家托马斯·霍布斯(Thomas Hobbes)[7],他为思考机器的哲学基础又夯实了一块石头。和莱布尼茨一样,霍布斯把推理等同于计算。他写道:"通过推理,我理解了计算……故此,推理其实就跟加或减一样。"[8]

像莱布尼茨和霍布斯那样把推理与计算等同起来,是在制造思考机器之路上迈出的第一步。尽管机械式计算器的发明,比霍布斯、莱布尼茨写书略早[9],但直到近两百年后,才真的有人通过计算来执行推理。

随着黑暗时代的过去,出现了另一位伟人勒内·笛卡儿(René Descartes)[10]。他贡献了一个至今仍困扰人工智能研究的重要哲学观点:我思故我在。也就是说,我思考,所以我存在。这五个字,把思想和存在干净利落地联系起来。反向推理[11],我们可以得出结论:如果你不存在,你就不思考。这样一来,笛卡儿的观点就对思考机器的可能性提出了挑战。机器并不像我们这样存在。它们缺乏我们跟自身存在挂钩的许多特殊性质,比如说情感、道德、意识和创造力。而且,我们马上还将看到,反对思考机器存在的观点便提及了许多此类性质。例如,由于机器没有意识,它们无法思考。又或者,因为机器没有创造力,所以不能说它们是思考。我们很快会回到这些论点上。

布尔和巴贝奇

又过了200年,我们故事中的下一个主要角色才登场。乔治·布尔(George Boole)[12]是一位自学成才的数学家。尽管没有大学学位,但他利用自己管理学校之外的闲暇时间,发表了不少数学文章,1849年被任命为爱尔兰科克郡皇后学院的第一位数学教授。布尔的大学职位,在当时处于学术世界的边缘位置,这让他得以自由地构建一些日后成为计算发展核心位置(也是开发思考机器之梦的核心)的观点。布尔提出,可以通过代数运算来形成逻辑,这一代数运算基于两个值来操作：真或伪，开或关，0 或 1。这种"布尔逻辑"描述了今天每台计算机的操作；它们确确实实是复杂的机器，但处理的仍然是布尔的 0 和 1。虽然布尔观点的重要性当时没有多少人认可，但要说他是当今信息时代之父也不算太牵强。

不过，布尔对自己的逻辑有着远超于所属时代的高远雄心。他就这套逻辑写过一本最完整的著作，名为《思维规律的研究》（*An Investigation of the Laws of Thought*），这个名字暗示了他的目标。布尔不光想为逻辑提供数学基础，更想对人类的推理进行解释。他在介绍这部作品时写道：

> 本篇论文的宗旨是考察思维操作的基本规律；用微积分的符号语言加以表达，并根据这一基础，建立逻辑科学，构建它的方法；最后，在考察的过程中，收集真相的不同元素，对人类思维的性质和构成做一些可能的暗示。

布尔从未完全实现这些雄心。事实上，他的工作在当时基本无人承认，10 年之后，他不幸去世。[13]但即便布尔没蹚科克郡学术圈的浑水，他也没有机器能自动实现这些梦想。

神奇的是，去世前两年，布尔遇到了我们故事里的下一位演员，查尔斯·巴贝奇（Charles Babbage）[14]。这次相遇发生在伦敦博览会，人们认为两名伟大的创新家当时谈起了巴贝奇的"思考引擎"。要不是布尔不久以后就去世了，他们一起构思的东西该叫人多么憧憬呀。查尔斯·巴贝奇是多面手：他是数学家、哲学家、发明家兼工程师。他梦想着制造出机械式计算机。尽管他从未成功，但许多人都认为他是可编程计算机之父。他设计的"分析引擎"使用打孔卡片来编程。

计算机按程序进行操作，而且这一程序可改变——这一设想是计算机能力的根本。你的智能手机安装新的应用程序，史蒂夫·乔布斯或其他任何智能手机制造商想都没想到的程序。这样一来，它就可以一次性地做很多事情了：计算器、笔记本、健康监控仪、导航仪、相机、电影播放器，甚至手机（有时你简直会忘了它还能打电话）。这就是图灵在提出通用计算模型时所探讨的设想。计算机是一种通用机器，可以编程执行许多不同的事情。更微妙的是，计算机程序自己可以修改。这种能力是人工智能之梦的基础。学习似乎是我们智力的关键组成部分。如果计算机要模拟学习，它必须拥有某种修改自己程序的方式。幸运的是，编写一套能够自行修改的计算机程序是相对容易的。程序只是数据，而且可以进行操作：想想你的电子表格里的数字，你的文字处理软件里的字母，或是你的数字图片里的颜色。故此，计算机可以学习做新的任务，那就是，改变它们的程序，去做它们初始程序里没想过要执行的任务。

第一位程序员

与巴贝奇一起合作的是洛夫莱斯伯爵夫人奥古斯塔·埃达·金（Augusta Ada King）[15]。她写了一整套笔记，针对范围更大的受众介绍并解释巴贝奇的"分析引擎"。在这些笔记中，她写出了基本上得到公认的第一套计算机程序。巴贝奇把焦点放在引擎执行数值计算、编制天文及其他表格的能力上。而洛夫莱斯却梦想计算机除了处理数字，还可以做更多事情。她写道，巴贝奇的发明"或许还可以执行数字之外的其他事情……引擎说不定能作出复杂而科学的乐曲"。

这个设想超前了一个世纪。洛夫莱斯伯爵夫人的概念性飞跃，可以从我们今天的智能手机上看出，除了数字，手机能操作声音、图像、视频，做其他各种各样的事情。然而，她也是人工智能的第一批评论家之一，对制造思考机器的梦想不屑一顾。她写道："分析引擎没有创作任何东西的主张。它可以做任何我们吩咐它执行的事情。它可以遵循分析，但它没有力量去预见任何分析关系或真相。"

这个想法（即如果计算机没有创造力，那它们就不是智能）存在很多争议。图灵在《心智》上发表的论文里作过讨论。我稍后会回到这一争论上，但在此之前，我想对洛夫莱斯的反对意见作一番审视。第一个想到计算机编程的人（一个提前一个多世纪梦想计算机不仅仅能处理数字的人），对制造思考机器的这一最终梦想持有怀疑态度。这可不是个简单的梦想。这个梦想，涉及我们在宇宙中位置的核心。我们有什么特别的地方吗？还是说，我们也是机器，就跟我们的计算机一样？这些问题的答案将最终改变我们对自己的看法。它甚至有可能改变我们的一些核心观念，一如哥白尼地球绕着太阳转的主张，或是达尔文"人是猿猴的后裔"的概念。

18 世纪，一个不太知名的人物来到了我们的故事当中，他叫威廉·斯坦利·杰文斯（William Stanley Jevons）[16]。他为数学和经济学做出了许多贡献。但我们要说的是他 1870 年发明的"逻辑钢琴"，这是一台机械式计算器，可以用来求解多达 4 个真/伪决定（用布尔逻辑的语言来说，也即 4 个可以取值 0 或 1 的变量）的逻辑题。杰文斯设计这台钢琴是为了帮助进行逻辑教学。逻辑钢琴的原作仍存在牛津历史博物馆展出。逻辑钢琴对布尔逻辑的一小部分做了简洁的机械化表达。它的发明者写道："很明显，这一机制能够代替执行逻辑推演时所需的大部分思考行动。"[17]

据说，杰文斯制造了一台非常原始的思考机器，但我猜，1870 年那些看到过逻辑钢琴在皇家学会上展出的观众，不管多么杰出，恐怕都未预料到它将给我们的生活带来多么巨大的改变。至少，这是通往制造计算机（最终执行人工智能）之路上的第一批实验性步骤之一。遗憾的是，和这个故事里如今出场的几位人物一样，杰文斯去世太早了[18]；《泰晤士报》上刊登的他的讣告里，没有提及逻辑钢琴。

逻辑革命

现在,我们的故事向前推进到了 20 世纪初。这是一个在科学、艺术和政治等诸多领域都爆发革命的时期。阿尔伯特·爱因斯坦(Albert Einstein)、尼尔斯·玻尔(Niels Bohr)、沃纳·海森堡(Werner Heisenberg)等人通过相对论和量子力学的革命思想撼动了物理学的基础;反古典的印象派和达达主义等运动撼动了绘画的基础;同一时间,构成数学和逻辑基础的部分基石,也遭到了猛烈的撼动。

大卫·希尔伯特(David Hilbert)[19]是这个时代最伟大的数学家之一。1900 年,他确认了数学面临的 23 个最具挑战性的问题。在介绍这些问题的过程中,他写道:

我们中有谁不乐意去掀开未来藏身其后的面纱呢?有谁不乐意一窥科学即将出现的发展,以及未来几个世纪里科学发展的秘密呢?未来几代数学家的精神,会走向什么样的终点?在数学思想这一广大而丰富的领域,新世纪里会出现什么新方法,有哪些新方面?

这近乎诗意的视野,对本书做了很好的介绍。希尔伯特提出的 23 个问题里,有几个涉及数学本身的基础。当时,数学的基石似乎摇摆不定。就说数学上很简单的集合吧。集合指的是某类对象的总体,比如黑色汽车集合、银色汽车集合、黑色或银色汽车集合、既非黑色也非银色汽车集合、任何并非银色汽车物体的集合。1874 年,德国数学家格奥尔格·康托尔(Georg Cantor)[20]写下了集合的正规数学表达。对一个数学家来说,这似乎是个奇怪的项目。数学是关于数字和函数等对象的。对集合这样简单的东西,我们为什么要感兴趣呢?然而,集合可以表示许多不同的数学对象:数字、函数、图形，以及数学家研究的许多怪异对象，比如流形、环形和向量空间。[21]

当时的另一位伟大数学家伯特兰·罗素（Bertrand Russell）[22]证明，康托尔试图将集合数学形式化的尝试，注定会落入循环悖论。还是以所有银色汽车集合为例。它不包含自身。我们称这是一个正常集合。反过来说，我们看看补充集合。该集合包含了所有不是银色汽车的东西。它的确包含了自身。让我们称之为异常集合。好，现在再来看所有正常集合的集合。所有正常集合的集合，它自身是否正常？如果它是正常的，它将包含在所有正常集合的集合当中。也就是说，它将包含自身。但这样它就又成了异常。我们再来看看另一种情况。假设所有正常集合的集合本身是异常的。由于它是异常的，它就包含自身（也即所有正常集合的集合）。但这就又让它成了正常集合。这是罗素著名的悖论：集合不能同时既正常又异常。接下来，我们的故事里还会出现其他类似的循环悖论。康托尔的集合论充满了这样的悖论，一些批评家把他叫成"科学骗子"和"年轻人的腐蚀剂"。不过，我们故事里的下一位演员会证明，这不是康托尔的错。从根本上说，数学就是这样的。这对制造思考机器（至少对使用逻辑来推理的思考机器而言）构成了一个根本性的挑战。

为回应数学中心的这场危机，希尔伯特拟订了一套工作计划，试图把数学放到精确的、合乎逻辑的基础之上。希尔伯特计划（Hilbert's program，日后人们就这么称呼它）想要寻找包含了若干基本事实或基本构建的一个小集合，数学的所有内容都建立在它之上。希尔伯特计划还希望找到证据，表明这种数学形式不包含康托尔集合理论里的那些悖论。一旦有了悖论，任何事都可以证明成立了。要想制造思考机器，制造能做包括数学在内各种事情的机器，我们需要这类基本构建。

数学的终结

1931年，历史上最重要的一位逻辑学家库尔特·哥德尔（Kurt Gödel）[23]把希尔伯特计划彻底摧毁了。他通过两条著名的不完全定理破坏了希尔伯特计划。这两条定理证明，任何内容丰富到足以描述整数这一类简单概念的形式化数学，必然不完全，要么就包含悖论。故此，任何没有悖论的数学系统，都包含着无法证明的数学真理。这是哥德尔不完全定理中的"不完全性"。

哥德尔的结论搞砸了希尔伯特计划，并为数学留下了永远有点摇晃的基础，让数学本身完全数学的目标不可能实现，这向构建思考机器的梦想提出了深刻的哲学挑战。如果我们要思考机器，又如果这些机器必须像莱布尼茨和霍布斯认为的那样必须进行数学推理，那么，我们就需要为它们提供精确的、逻辑形式化的数学，方便它们进行推理。但是，哥德尔不完全定理证明，我们不能为数学写出精确规则（即可以写给计算机，让它们能够进行所有数学运算的规则）。

数学物理学家罗杰·彭罗斯爵士（Sir Roger Penrose）[24]大力倡导这类观点，并用它们反驳人工智能有一天能超过人类智慧的观点。[25]不过，针对彭罗斯的意见，也有很多反对的声音。计算机不需要具备证明一切数学的能力（就跟人类一样）。计算机可以在包含了悖论的系统中运作（就跟人类一样）。哥德尔定理要求我们思考无限的系统，但所有的人类和计算机都是有限的。再加上，很快计算机就会使用不同的计算模型（如量子计算机）来制造，这些模型超出了哥德尔结论的范畴。人工智能领域的共识仍然是：从理论上说，哥德尔定理并没有阻挡制造思考机器之梦的去路。在实践中，我先前也讨论过，我们继续朝着这个梦想取得不错的进展。

第一部分　人工智能的前尘旧事

无法计算的事物

这几乎让我们画了一个圆，回到了本书开篇就提到的数学家艾伦·图灵身上。不管是在实践还是理论上，他都在开发计算机过程中扮演着关键角色。他提供了基本的抽象模型"图灵机"，至今仍用来在数学上描述计算机。但1936年，在我们尚未真正把这些机器制造出来之前，图灵就提出了另一个意义深远的见解。他发现有一些问题，是此类机器永远不可能计算的。当时，还没有任何人为计算机编写过程序，也没有可供编程的计算机。然而，图灵却高屋建瓴地预见到一些哪怕日后再聪明的程序员也无法让计算机解决的问题。

其一是"停机问题"。你能否写出一套计算机程序，让它判断另一套程序该不该终止？这会是一个很有用的程序。你肯定不希望自己飞行器的控制系统中途停机。同样道理，你肯定想要自己电视机顶盒上扫描新频道的程序能够中途停止。图灵证明，有些问题（如停机问题）是无法写出计算机程序来的。[26]请记住，程序本身就是数据。故此，它可以把数据输入另一套程序。我们可以编写一套以另一套程序为输入的程序，判断给定输入程序该不该终止。图灵的非凡成就在于，他证明，不管你是个多么聪明的程序员，都写不出来这样的程序。

图灵使用了循环论证，跟罗素"集合不包含自身"悖论类似。假设我们确实拥有一套可以解决停机问题的程序。假设它叫"图灵程序"。现在，我们把它作为另一套更大程序的子程序，对后者，我们称之为"图灵超级程序"。图灵超级程序可把其他任何程序作为输入，并以图灵程序作为子程序，判断输入程序是否应该终止。如果输入程序终止，那么图灵超级程序就会进入永不终止的无限循环。反过来说，如果输入程序不终止，则图灵超级程序就会终止。这就是图灵循环论证切入的地方。如果把图灵超级程序自己作为输入，它会怎么做？对这一输入，图灵超级程序要么能终止，要么不能终止，只有这两个结果可选。

让我们考虑两种可能性。假设图灵超级程序无法终止这一输入。此时，图灵超级程序被输入了一套需要终止的程序，它却无法终止。那么，这意味着图灵超级程序终止了。故此，如果图灵超级程序不终止，就意味着它自身终止。让我们再来看看另一种可能性。假设图灵超级程序终止了这一输入。此时，图灵超级程序被输入了一套不终止的程序，它将其终止了。这意味着图灵超级程序不终止。不管怎么想，我们都碰到了矛盾。图灵超级程序不能既终止又不终止。再回想我之前提出的关键假设：图灵程序存在。这个假设带来了矛盾，故此显然有误。于是，我们可以得出结论：图灵程序不可能存在。我们不能设计一套程序来判断给定输入程序是否终止。依靠这一论点，图灵指出：有些问题，是计算机无法解决的。

存在无法计算的问题，似乎对开发思考机器之梦提出了另一个根本性的挑战。我们有一个不可辩驳的证据，表明有些事情计算机做不到。[27]现在，你或许会想，是不是只有模糊问题（如判定程序是否终止这一类）不能计算呢？其实，还有很多十分有用的问题无法计算，比如判定数学语句是否为真。[28]

存在无法计算的问题，并不会搞砸开发思考机器之梦，原因有好几个。首先，我们仍然可以让计算机来解决此类问题，尽管有些不够完善。你说不定购买过 Mathematica 或 Maple 这类判定数学语句是否为真的软件，它们有时候会说："我不知道。"其次，另一种替代办法是，你仍然可以拥有解决此类问题的计算机程序，但它或许有些许不精确。有时候，软件会出错：它说输入程序不终止，但其实输入程序已经终止了（或是反过来）。第三，很多人工智能靠的是启发式的经验原则，大多数时候管用，但有时候会失败，甚至让自己陷入无限循环。第四，智能本身也并不意味着100%正确。我们人类也并不是随时都100%正确。我们不需要制造一台随时都能解决图灵停机问题的机器。故此，哪怕我们知道存在计算机无法准确计算的问题，制造思考机器之梦也能延续下去。

计算机问世

直到目前，开发思考机器的梦想，基本上还仅局限于理论上。哪怕图灵已经确认了计算机无法计算的问题，我们实际上都还没有能够计算的计算机。这种局面要等到第二次世界大战才会改变。解码敌方情报、执行复杂计算以制造原子弹的需求，向前推动了计算的实践方面，并带来了第一批真正可用的计算机。

全世界第一台计算机到底是哪一台，各方说法纷纭。第二次世界大战期间的保密原则，以及机器的不同性能，把这潭水给搅浑了。德国的Z3，1941年开始运转；英国的巨人，1944年运转；美国的埃尼亚克，1946年运转；英国的曼彻斯特宝贝，虽然1948年才制造出来，但却是同期计算机里第一台开始存储程序的。[29]但谁是第一台计算机，跟我们的故事没有太大关系。重要的是，它们的速度和内存不断提高，而大小和价格却飞速下降。于是，全世界的计算机数量迅速增加。如今，全世界运转着数十亿台电脑。据说IBM的托马斯·沃森（Thomas Watson）曾认为，全世界只要6台计算机就够了，现实显然毫不留情地证明他错了。[30]更有可能的是，全世界每个人都至少拥有6台计算机才够。

达特茅斯及其他

随着世界从第二次世界大战中逐渐恢复，计算机越来越普遍，我们拥有了着手制造思考机器的所有部件。我们只需要有个东西来启动它。这便是达特茅斯夏季研讨会（Dartmouth Summer Research Project）。1956 年，该研讨会在新罕布什尔州常春藤联盟大学达特茅斯举行。组织者是约翰·麦卡锡，他与图灵并列为人工智能领域的奠基者之一。当时，麦卡锡正在达特茅斯大学任教，不过，他后来搬到了斯坦福大学，帮忙设立如今已经非常出名的人工智能实验室。麦卡锡和马文·明斯基、纳撒尼尔·罗切斯特、克劳德·香农联手撰写了一份提案，说服洛克菲勒基金会资助为期两个月的达特茅斯头脑风暴会议。明斯基是神经网络的先驱，后来在麻省理工学院建立了一所杰出的人工智能实验室。罗切斯特来自 IBM，是 IBM 大批量制造第一台大型电子计算机 701 的联合设计师。香农在贝尔实验室工作，已经因为开发了信息统计理论（这是通信网络的根本），并将数学逻辑应用到计算机设计构建上而出名。出席达特茅斯会议的人还有伦敦百货公司创始人之孙，日后成为 GTE 实验室首席科学家的奥利弗·赛弗里奇（Oliver Selfridge）；日后将赢得诺贝尔经济学奖的赫伯特·西蒙（Herbert Simon）[31]；日后在卡内基梅隆大学建立了著名人工智能实验室的艾伦·纽厄尔（Allen Newell）。

达特茅斯夏季研究项目对制造思考机器的进度极为乐观。该项目的筹资倡议开篇就这样写道：

1956 年夏天，我们 10 个人提议，一起在新罕布什尔州汉诺威的达特茅斯学院进行为期两个月的人工智能研究。这项研究基于如下猜想：学习的每个方面，或智力的其他任何特征，原则上都可精确地加以描述，以便制造机器来模拟。我们将努力探讨，怎样让机器使用语言构成抽象和概念，解决如今只有人类能解决的各种问题，并自我改进。我们认为，一群精心挑选出来的科学家夏天聚在一起携手合作，便可以在上述问题的一个或多个上取得可观进展。

虽然有些过分自信，但该提案对梦想做了清晰的阐述：精确地描述学习和人类智能的其他方面，好让计算机能够模拟。简而言之，他们想让莱布尼茨的梦想变成现实：把思考转化为计算。遗憾的是，我们马上就会看到，这种乐观态度很快便会在该领域弥漫开来。

大西洋对岸

别以为我们的故事仅仅在美国往前推进。英国同样是计算的发祥地之一，在人工智能早年岁月里也扮演了关键角色。事实上，全世界为研究思考而专门建立的最资深的科学会社，就是英国人工智能和行为模拟研究协会（Society for the Study of Artificial Intelligence and the Simulation of Behaviour）。它成立于1964年，延续至今。

英国有一个地方，在最初的开发阶段发挥了非常突出的作用。1963年，在爱丁堡大学，唐纳德·米基（Donald Michie）[32]成立了一支研究小组，它最终演变成了全世界第一个人工智能科系（有一段时间，全世界独此一家）。米基曾在布莱切利公园与图灵共事，他们经常一起在午餐时间探讨开发思考机器之梦。爱丁堡大学发起了许多开创性项目，包括机器人"弗雷迪"（freddy）。这是最早集成了视觉、操纵和复杂控制软件的机器人之一。

不幸的是，1973年，《莱特希尔报告》（Lighthill report）对人工智能提出了强烈批评，英国放弃了自己在这个领域的早期领先地位。英国科学研究理事会要求应用数学家迈克尔·詹姆斯·莱特希尔（Michael James Lighthill）对本国人工智能研究进行评估。报告对研究的诸多核心方面提出了极其悲观的预测，称"该领域迄今为止的发现，并未产生事先承诺的重要作用"。莱特希尔的批评，一部分是出于他见证了爱丁堡各研究团队的内斗。由于他的报告，英国人工智能研究的资金被削减，直到10年之后，阿尔维计划（Alvey Programme）才又让一切回到正轨。

早期的成功

尽管人工智能研究的初步进展并不像达特茅斯夏季研讨会的参与者们预测的那么快[33]，但1956年之后的20年里一些意义深远的举措被采用，大量项目脱颖而出，成为重要里程碑。

其一是机器人"摇摇"（Shakey）[34]。这是第一台移动机器人，能感知环境，对自己的周围情况和行动进行推理。它做不了太多事，但从某种意义上来说，这是人类首次严肃地尝试制造一台自主机器人。"摇摇"项目于1966年到1972年间在加利福尼亚州帕洛阿尔托的斯坦福研究所开展。和大多数人工智能研究一样，它的资金来自美国国防部，后者希望开发可执行侦察任务、无须危及人命的军用机器人。50多年以后，军方真的拥有了这样的机器人。

《生活》杂志把"摇摇"称为"第一个电子人"。[35]这或许有点儿夸张，但"摇摇"确实可以算是历史上第一代能够自主"思考和行动"的机器人。2004年，它跻身卡内基-梅隆大学的机器人名人堂。"摇摇"项目最重要的分支研究是A*搜索算法。该算法寻找两点之间的最短路径。"摇摇"用它来规划自己前往新位置的路线。如果你听到自己的车载导航系统说"计算新路线"，它很可能用的就是A*搜索算法的某个变体。技术怎样引领我们朝着事先无法预测的方向前进，这就是一个很好的例子。谁能料到，第一代自主机器人的相关研究，日后竟然成了车载卫星导航系统的关键？翻遍"摇摇"项目的拨款提案，你肯定也找不到这方面的苗头。

早期的另一个里程碑是始于1965年的DENDRAL项目，它启动了一个全新的行业：专家系统。DENDRAL是一场雄心勃勃的尝试，把专业领域知识（本例中为分子化学）编码到计算机程序里。DENDRAL以质谱（mass spectra）作为输入,利用自己的化学知识库,提出有可能加以响应的化学结构。DENDRAL 靠的是专业人士会用的启发式经验法则,从诸多可能的化学结构中筛选出少量的候选者。虽然 DENDRAL 在其专业领域取得了成功,但它带来的最大冲击是,它表明,聚焦在一个狭窄主题上,把人类的专业知识进行明确编码,计算机程序能够以专家级的绩效来完成特定任务。20 世纪 80 年代,医院、银行、核反应堆等各种地方,都实施了 DENDRAL 等专家系统。专家系统现在基本上已演变为 SAP、Oracle（甲骨文）和 IBM 等公司销售的业务规则引擎。

我们的机器大师

1979 年 7 月 15 日,发生了思考机器开发史上意义重大的里程碑事件:计算机程序 BKG 9.8 击败了西洋双陆棋世界冠军路易吉·维拉（Luigi Villa）。在蒙特卡洛举办的这场比赛（比赛奖金为 5000 美元,赢家全拿）中,计算机的成绩是 7 胜 1 负。这是计算机程序第一次在技能游戏上"吊打"人类世界冠军。人类不再是最优秀的选手。计算机逐渐让自己的创造者黯然失色。不过,更公平地说,西洋双陆棋是既讲究技巧,也讲究运气的游戏。[36]计算机在投掷骰子时运气很好。开发 BKG 9.8 的汉斯·波林纳（Hans Berliner）[37]事后写道:

我几乎不敢相信这样的结果,但毫无疑问,程序赢得了胜利。它的下法没犯什么严重错误,尽管能赢下第三局和最后一局靠的是运气。围观群众冲进了进行比赛的封闭房间。摄影师拍照,记者采访,专家列队向我表示祝贺。只有一件事搞砸了现场。前一天才拿下世界冠军头衔、达到自己双陆棋事业巅峰的维拉郁郁寡欢。我对他说,我对发生的事情感到很抱歉,我们俩都知道,他才是更优秀的棋手。[38]

就算 BKG 9.8 其实并不是最优秀的棋手,这仍是一个历史性瞬间。波林纳不是按更优秀的双陆棋规则来编程的,而是按学习下双陆棋来编程的。随着时间的推移,程序逐渐下得比自己的创造者更优秀,最终达到了世界冠军的水平。

接下来,机器还将在另一些游戏上击败人类,包括曾让图灵等人着迷的古老的国际象棋。1985 年,加里·卡斯帕罗夫(Gary Kasparov)成为世界上最年轻的国际象棋冠军,时年仅 22 岁。直到今天,很多人都认为他是历史上最伟大的棋手。十多年后,象棋程序最终击败人类时,国际象棋冠军碰巧是他,这样的收场未免让人觉得有些残酷。1997 年 5 月 11 日,卡斯帕罗夫在纽约锦标赛主办的表演赛上输给了 IBM 开发的计算机象棋程序"深蓝"。"深蓝"拿到了 70 万美元的奖金。虽说卡斯帕罗夫一年前也曾击败"深蓝",赢得了 40 万美元奖金,但这于事无补。他将永远带着"第一个被计算机击败的国际象棋大师"的烙印,为后人所铭记。

你感觉如何

人工智能史早期的另一块里程碑是计算机心理治疗师"伊莉莎"(Eliza)[39]。把它放在成功的章节里我有点儿犹豫,因为把它放在下一部分"人工智能早期的失败"里也同样成立。1964 年到 1966 年间,约瑟夫·维森鲍姆(Joseph Weizenbaum)[40] 创建了"伊莉莎"。一方面,"伊莉莎"固然算得上是日后贝宝(PayPal)、宜家等公司网站上成功回复客户询问的聊天机器人的智能始祖之一;另一方面,它也作了弊。"伊莉莎"会把患者所说的一句陈述,比如"我一直在想我父亲",变成一个问题:"你为什么一直在想你父亲呢?"事实上,"伊莉莎"对任何对话的语义理解都十分有限。不过,它生成了一些令人信服的对话。在一篇著名的报道里,维森鲍姆的秘书曾提出请求,想私下跟"伊莉莎"聊聊。

与伊莉莎进行的对话

维森鲍姆报告了"伊莉莎"和一名年轻女性的对话:

女子:男人都一样。

伊莉莎:哪些方面?

女子:他们总会拿这样那样的事情来烦我们。

伊莉莎:你能举个具体的例子吗?

女子:唉,是男朋友要我来这儿的。

伊莉莎:你男朋友让你来这儿?

女子:他说我总是抑郁。

伊莉莎:听到你说自己抑郁,我挺抱歉。

女子:真的。我不开心。

伊莉莎:你觉得来这儿能让你变得没那么不开心吗?

照维森鲍姆想来,"伊莉莎"是对心理治疗师的"拙劣模仿"。可一些精神科专业人士提出,不妨把"伊莉莎"开发成临床工具,还有些人认为"伊莉莎"展示了用计算机处理自然语言的合理性,这叫他大为震惊。今天,创业公司 X2AI 开发了"伊莉莎"的后代——聊天机器人"卡里姆"(Karim),用它充当"治疗助手"帮助叙利亚难民。该聊天机器人提供的不是治疗,而是帮助和支持,两者在法律和道德上有着重要的区别。此外,人类还监控着"卡里姆"。但它确然表明,我们正走上了维森鲍姆提醒过的道路。

"伊莉莎"还表明,我们在判断行为智能时应该谨慎。人是很容易上当受骗的。此外，人会出于能力的欠缺而忽视机器造成的错误。人类的对话充满了失误，但我们视而不见。等谈到图灵的人工智能测试时，我会对这些概念再做探讨。

早期的失败

除了早期的成功之外，还有一些早期的失败。机器翻译就属于后一种情况。早在1946年就有人提出使用计算机来翻译语言，20世纪五六十年代发起了若干机器翻译项目。冷战期间，美国军方热衷于把俄语和其他语言的文件自动翻译成英语。

一开始，让机器自动翻译的进展缓慢。妥帖的翻译，要求掌握源语言和目标语言两者中的语法、语义、句法和成语等知识。你不能光按字面翻译。有一个流传甚广的故事说，有人要机器翻译系统把"心有余而力不足"先翻译成俄语，再翻译回英语。结果成了这样："伏特加挺好，可肉馊了。"不管这个故事是不是真的，都说明了机器翻译要面临的部分挑战。

1964年，3家出资研究机器翻译的机构（美国国防部、国家科学基金会和中央情报局）成立了"ALPAC"，即自动语言处理咨询委员会，对进展情况进行评估。委员会对截至当时的机器翻译研究进度持高度批评态度，研究经费大幅缩水。直到20年后，统计法逐渐展现希望，研究才再次得到了支持。如今，机器翻译当然回归了，并且已经付诸日常使用。谷歌翻译每天处理的文字量相当于100万本书的容量。更令人印象深刻的或许是Skype的翻译功能，可对英语、西班牙语、法语、德语、意大利语及中文普通话进行准确、实时的翻译。机器翻译眼下似乎成了一个可实现的梦想——只不过，在20世纪60年代，它太过超前了。

另一场高调的失败是语音识别。多年来，企业巨头美国电话电报公司（AT

&T）下属的研究机构贝尔实验室对让计算机理解口语很有兴趣（这一点想必不足为奇吧）。[41]1952 年，贝尔实验室开发了一套系统，能够识别一个说话人说出的单个数字。之后，1969 年，约翰·皮尔斯[42]（John Pierce，领导了第一颗商业通信卫星 Telstar 的开发工作）写了一篇文章，将语音识别比作"水变汽油、从海洋里提炼黄金、治疗癌症、登上月球"一类的项目，他怀疑，语音识别能不能识别多名说话人词汇丰富的对话。[43]这令贝尔实验室的项目资金锐减。另一个处境比较艰难的项目，是国防高级研究计划署（DARPA，美国国防部的分支机构，帮助开发了多项新兴技术）资助的"语音理解研究"。该项目从 1971 年开始持续了 5 年，支持了 BBN、IBM、卡内基梅隆大学和斯坦福大学研究所的研究。然而，因为对进度感到失望，DARPA 停止了后续计划。

与机器翻译一样，在 20 世纪六七十年代，这些语音识别项目太超前了。不过，在过去几年里，我们看到语音识别的性能陡然提高。这是一种名叫"深度学习"的机器学习技术带来的变化，我们很快将详细地探讨。如今，所有主要商业语音识别系统都在使用这一技术。[44]数据更多、计算机处理能力更强，这两者帮助很大，但算法改进同样有益。在大词汇库中进行多人语音识别，现在已经做得到了。打开你智能手机上的 Siri 或 Cortana 等辅助程序，自己试试看吧。

对常识进行编码

第三项失败（来得稍微迟一些）是 1984 年微电子与计算机技术公司（Microelectronics and Computer Technology Corporation，简称 MCC）发起的颇具争议的项目 CYC。MCC 是美国创办的第一家计算机研发财团，从某种意义上讲，它是为了回应日本的第五代计算机项目而创办的。MCC 最初集结了得克萨斯州奥斯汀的 10 多家科技公司，包括 DEC、数据控制（Control Data）、RCA、NCR、霍尼韦尔、AMD 和摩托罗拉。稍后，微软、波音、通用电气、洛克威尔（Rockwell）等科技巨头也加入进来。

道格·莱纳特（Doug Lenat）[45]离开了斯坦福大学，转而领导 MCC 公司的 CYC 项目。他梦想着编撰一种常识性知识百科全书（"CYC"就截取自百科全书的英文单词"enCYClopedia"一词），让计算机可以用以进行智能行为。这就包括"所有的树木均为植物""巴黎是法国的首都"等事实，以及"如果 X 是 Y 的一种，且 Y 具有 Z 特性，则 X 也具备 Z 特性"等通用规律。举个例子，使用这套规则，再加上"植物是不能活动的"这一事实，CYC 可以推断出树木也不能活动。与当时的专家系统相比，莱纳特的目标是建立一套有一般性智能的系统。人工智能的一项重大挑战就是让计算机知道所有我们视为理所当然的、简单且琐碎的事实。"树木是不能活动的……巴黎不是植物……猫是毛茸茸的。"接受了 MCC 10 年的慷慨的资金支持之后，CYC 被分离出去，成了较为低调的 Cycorp 公司。Cycorp Inc. 营运至今（MCC 已解散），但商业成就相当有限。人类当今视为理所当然的知识十分庞杂，CYC 百科全书系统本身也变得极其复杂，使得为 CYC 增添知识的研究人员难以应对。

以事后的角度来看，CYC 项目的问题仍然在于太过超前。它着手进行的时候，万维网尚未腾飞，更重要的一点是，当时语义网（Semantic Web）还没创建。2012 年，谷歌开始借助旗下的知识图谱（Knowledge Graph）来改进搜索结果。从某些方面看，知识图谱就是谷歌对 CYC 的回答。它是一套世界事实的结构化知识库。它可以让谷歌回答"澳大利亚人口是多少"的提问式搜索。试试看吧。你能得到过去 50 年里该国的人口发展趋势图。微软必应（Bing）、雅虎和百度现在全都使用同类技术来提升搜索结果。DBpedia 和 YAGO 等数据库社群项目，也尝试以类似的方式编纂知识。尽管莱纳特的雄心没问题，但他的时机不对。[46]

对人工智能的批评

从一开始，人工智能就引来了一些声音响亮、破坏性很强的批评意见。前文提到的莱特希尔和彭罗斯都属于此类代表。另一位早期批评家是哲学家休伯特·德雷福斯（Hubert Dreyfus）[47]。他写过一篇文章《炼金术与人工智能》，1972 年又增订内容，就是《计算机做不到的那些事》（*What Computers Can't Do*）一书。[48]1992 年，该书第三版问世，他既俏皮又略带挑衅地把书名变成了《计算机仍然做不到的那些事》（*What Computers Still Can't Do*）。

德雷福斯并不怀疑人工智能将取得成功。他所主张的是，人工智能研究人员对这个问题的解决途径存在根本缺陷。他说："原则上，只要人充分地使用构成人类的组件，没有任何理由说他不能构建起人工的、有形体的主体。"德雷福斯的主要批评点放在构建思考机器的象征性方法上，它可以回溯到莱布尼茨的"人类思想字母表"。德雷福斯认为，为了拥有智能，这些符号必须以现实世界为基础，就跟人类一样。

德雷福斯的论点遭到人工智能研究人员的强烈反对。更欠妥当的是，德雷福斯提出观点的形式也很有争议性，他把人工智能跟炼金术相提并论。不过，人工智能研究人员这一边的表现并没有更好。据说，在麻省理工，德雷福斯受到所有学者的排挤，只有编写"伊莉莎"的维森鲍姆有胆量跟德雷福斯坐在一起吃午饭。德雷福斯跟计算机程序 Mac Hack 下了一局国际象棋，他输的时候，周围一片欢喜之声。

德雷福斯的一些批评的确敲打在了点子上。机器人专家罗德尼·布鲁克斯（Rodney Brooks）[49]认为，思考机器必须植入现实世界，像人类一样感知世界并在其间行动，根据自身的感知和行为构建符号。只有这样，符号才能获得真正的意义。布鲁克斯把这些观念放进一系列的机器人身上：艾伦、汤姆和杰瑞、赫伯特、西摩和六条腿的根格斯。[50]

德雷福斯提出的其他批评，则被有力地反驳掉了。德雷福斯认为，计算机永远无法通过一套简单的规则获得人类理解背景、环境或目标的能力。然而，我们今天无法想象存在这样一套正式规则，并不意味着这样的规则不存在。如今，许多研究人员正开发出越来越好、越来越接近人类表现的系统，有力地回应了德雷福斯。

人工智能周期

这些早期失败带来的后果之一，是人工智能经历了乐观主义和资金充裕的时期，紧随其后又经历了悲观主义和资金锐减的时期。第一次所谓的人工智能寒冬发生在 20 世纪 70 年代后期，第二次发生在 20 世纪 80 年代末到 90 年代初。这两次寒冬的到来，主要是因为投资机构和风险投资家对人工智能的希望崩塌了。从科学上看，人工智能并没有失败，哪怕它蕴含的技术挑战比许多早期研究人员预计得更为棘手。

事后不难看出，制造思考机器，是一项巨大的智力挑战。我们试图匹配甚至超越整个宇宙里已知最为复杂的系统——人类大脑——的性能。我在这个领域工作的时间越长，对人类大脑就越发尊重。人类实现的所有惊人壮举都靠它，但它的功率只有 20 瓦。相比之下，IBM 的计算机"沃森"是如今最强大、最能干的系统之一，能耗是 80 000 瓦。[51] 要想跟上人类思想的绩效／功率比，我们还有很长的路要走。

第一场 AI 寒冬始于 1974 年前后，当时 DARPA 削减对人工智能研究的资助。1982 年，日本国际贸易和工业部于 1982 年推出了第五代计算机系统项目，寒冬就结束了。日本的目标是不再跟在美国的后面跑，想要变成计算领域的领跑者。在这个为期 10 年的项目里，日本花掉了 4 亿美元。这一项目有着雄心勃勃的目标，好几个竞争国家因为担心输掉这场技术比赛，也发起了本国的相应项目。英国回应以阿尔维计划（Alvey Programme），提高了计算领域（包括人工智能）的研发资金。欧洲回应以 65 亿美元的 ESPRIT 项目[52]，美国则推出了 10 亿美元的战略计算计划，组建了微电子与计算机技术联盟。和日本的第五代计算机系统项目一样，除了人工智能之外，这些项目也着眼于计算机硬件及其他信息技术领域。世界各地的人工智能资金也出现大幅提升。

很遗憾，到第五代计算机项目结束的时候，上述周期再次开始，第二场人工智能寒冬降临。日本人在人工智能技术探索的领域里做出了许多糟糕的选择。他们的项目没能取得成功，原来计划的 10 年后续项目遭砍。然而，20 世纪 80 年代到 90 年代初期，美、日、欧三方研发资金增加，帮忙让许多新的研究人员入了行。如今，这些研究人员有不少都在继续向前推进我们对思考机器的认识。

人工智能之春

人工智能目前正处在上升期，感觉就像是春天再次来临。数十亿美元投入这一领域。原因之一在于机器学习（尤其是深度学习领域）取得了极大的进展。[53] 就在几年前，深度学习只是机器学习一个不起眼的分支，只有包括多伦多、纽约和蒙特利尔大学里的少数研究人员从事。[54] 机器学习的大部分研究侧重于有着酷炫名称的概率技术，比如"贝叶斯推理"和"支持向量机"等。深度学习构建的神经网络有点儿像我们自己的大脑，与更为复杂的概率方法相比，多年来人们都认为这是一条死胡同。

然而,这一小批深度学习研究人员的坚持,逐渐带来了回报——而且是惊人的回报——他们公布了许多引发人工智能研究社群想象力的研究成果。2013年底,丹尼斯·哈比斯(Dennis Habbis)和英国创始公司DeepMind使用深度学习教计算机玩7款经典的雅达利街机游戏:《乓》(Pong,雅达利公司1972年推出的一款投币式街机游戏,很多时候,人们认为这是电子游戏史上的第一款街机电子游戏)、《打砖块》(Breakout)、《太空侵略者》(Space Invaders)、《海底救人》(Seaquest)、《Beam Rider》、《Enduro》和《Q伯特》(Q*bert)。随后,游戏范围又扩大到了49款。[55]大多数时候,计算机玩的水平跟普通人差不多。但是,有10多款游戏,它们的水平达到了超人级。这是一个了不起的成果,因为研究人员并未向程序提供游戏的任何背景知识。程序只能读取分数和屏幕上的像素,从头开始学习每款游戏。它不知道什么球拍、球或者激光,也不知道重力、牛顿物理学或者人类玩这类游戏时所知道的任何其他事情。计算机只不过玩了很多很多游戏,一开始学习怎样玩,接着(过上几个小时)再学习怎样玩得好。[56]人工智能领域权威教科书的作者之一斯图尔特·罗素(Stuart Russell)观察说:"要是看到一个人类小孩在出生当天的晚上就能把电子游戏玩得滚瓜烂熟,击败其他人类,这样的场面既会给你留下深刻的印象,也会叫你害怕。"

受到这一突破的激励,谷歌据信支付5亿美元,买下了DeepMind。当时,后者大约有50名员工,其中10多人是机器学习研究员,没有收入。不足为奇,开始上心的不光只有人工智能社群。

自此之后,深度学习在感知方面(诸如语音识别、计算机视觉的物体识别和自然语言处理等任务)表现极佳。这些都是人类大脑无须有意识努力就能完成的各种任务。就连深度学习在古老的中国围棋上取得的成功,也主要归功于它能成功感知棋盘状态(也即谁会获胜、落子落得好是什么意思)。

深度学习需要大量数据。但是在语音识别等领域,收集大量数据并不太难，深度学习似乎认为需要高层次推理的任务更困难。DeepMind 程序在玩二维版乒乓球电子游戏《乓》上表现出色。要玩好《乓》，你不需要太多的策略——只需要把球拍移动到球的位置，尝试把球打进角落就行。但是深度学习在需要记忆和规划的游戏里，从未达到人类水平。比如在《小精灵小姐》（Ms. Pac-man）里，你必须提前规划好自己怎么对付鬼魂。这样一来，深度学习玩这种游戏就玩得很差劲。在这类任务上，更常规的人工智能技术似乎更合适。

最近似乎出现了一些对深度学习的强烈批评的声音。这些批评声音无法忍受对深度学习潜力进行的炒作。深度学习并不会"搞定"所有的智能，显然也无法提供给硅谷部分人士它的价值。在数据较少、要进行更多高级推理的地方，其他技术大有用武之地。在专业知识可明确编写成计算机程序的领域，以知识为基础的技术同样能发挥作用。最后，在安全和其他关键应用中，能解释自己在干什么、为什么要这么做，同时能确保特定行为的技术，也还扮演着一定的角色。对这类应用而言，深度学习恐怕很像是一个黑盒子。

无人驾驶汽车

除了深度学习，近年来还有几项成功让我们在思考机器之路上走得更远。2004 年，国防高级研究计划署宣布举办 100 万美元的挑战赛，拉开了自动驾驶的进程，最终还解决了在伊拉克、阿富汗等危险地点运送物资的问题。第一次的比赛，对人工智能来说是一场无奈的失败。胜出的是卡内基梅隆大学的红队，但它在 240 千米的沙漠赛道上仅前进了不到 12 千米。最终，完成赛道挑战的 100 万美元奖金无人拿下。但人工智能研究人员很快就反攻了：一年后，5 支队伍完成了该赛道。来自斯坦福大学的塞巴斯蒂安·特伦（Sebastian Thrun）团队获得了这一年的 200 万美元奖金。"不可完成的任务完成了。"特伦宣称。

不太为人所知的是，10多年前，欧盟曾出资 8.1 亿美元设立"欧洲高效安全交通系统计划"（Prometheus Project），研发自动驾驶。该计划始于1987年，到1994年结束。在该计划接近尾声时，两辆自动驾驶汽车 VaMP 和 VITA-2，在车来车往的法国高速公路上以高达 130 千米的时速行驶了 1000 多千米。（凡是在法国开过车的人，都会尊重这样的成绩。）如今，在我们的城市和高速公路上，都不时能看到自动驾驶汽车的身影。自动驾驶汽车甚至很快就要进入赛车赛道了。从2016—2017 赛季的某个时段开始，无人驾驶的赛车"Roborace"打算在赛车跑道上以 300 千米的最高时速比试一番。

亲爱的沃森

人工智能新近的成功还包括 IBM 的沃森计算机。2011年，它在《危险边缘》（《Jeopardy!》是美国一个播出多年的问答节目，节目方向参赛者提供各种琐碎的线索，参赛者根据这些线索对问题做出回答，不可弃权不答）回答了各种一般性知识问题，表现出了达到人类水平的能力。

沃森参加《危险边缘》

主持人：这场"事件"不需要门票，它是物质无法逃脱的黑洞边缘。

沃森：是"事件视界"（event horizon）。

主持人：想杀死丹佛斯·卡鲁（Danvers Carew）爵士；外貌：苍白，身量矮小；似乎有着分裂的个性。

沃森：是"海德先生"？

主持人：就算你家墙上挂着的它坏了，每天也有两次是对的。

沃森：是时钟？

在这场人机大战里,沃森(得名自 IBM 的创始人托马斯·沃森)有两个强大的竞争对手。第一个竞争对手是布拉德·鲁特(Brad Rutter)。布拉德是《危险边缘》历年来获得奖金最多(总计超过 300 万美元)的赢家。另一个竞争对手是肯·詹宁斯(Ken Jennings),他保持着该节目最长的连胜纪录(2004 年,他曾连赢 74 场)。尽管竞争激烈,沃森仍在为时 3 天的比赛里拿到了 100 万美元的奖金。

沃森代表了我们在自然语言理解、计算机理解文字和概率推理等方面(即让计算机应对不确定性)取得的真正进展。沃森使用复杂概率进行估计,在不同的答案中做出选择。这类技术已经渗透到了我们的日常生活中。Siri 和 Cortana 等应用程序可以分析、理解并回答"美国第二大城市是哪座"这类复杂的问题。(正确答案是洛杉矶,有近 400 万人口。)

围棋之王

我还可以介绍人造智能进步的许多其他例子,但这里,我想用另一个具有里程碑意义的时刻来作为结束。2016 年 3 月,谷歌的 AlphaGo 程序击败了世界最优秀的围棋手之一李世石,赢得了 100 万美元的奖金。在围棋这一最古老、最具挑战性的棋盘游戏上,人类不再是王者。很多围棋大师都以为计算机永远没法下好围棋。就算对机器持有乐观态度的人也认为,至少要 10 年以后才会获得成功。1997 年 7 月,"深蓝"在国际象棋上击败卡斯帕罗夫的时候,《纽约时报》这样说:"如果计算机能打败人类围棋手,那才是人工智能展现出真正精通某事的标志。"

围棋规则简单,但下起来又极为复杂,因此 AlphaGo 的成功代表人工智能发展上的重要一步。两名玩家轮流在 19×19 的棋盘上落黑白子,以包围对方为目的。在国际象棋里,每一回合有 20 种可能的下法,而在围棋上则有大约200种。要提前看到后两步棋，就需要考虑200×200（40 000）种可能的下法。要提前看3步棋，共有800万种不同的下法要考虑。而提前看黑白子未来的15步棋，可能的下法比整个宇宙中的原子还要多。

随着棋局的推进，围棋的另一个特点使得预测哪方获胜成了极大的挑战。在国际象棋中，算出哪方领先并不难。把不同棋子的价值加出来，就是基本准确的近似值了。在围棋里，只有黑白两种棋子。围棋大师要训练一辈子，才能判断出什么时候哪方选手占优。为了决定自己下200多种下法中哪一手能改善自己的局面，任何优秀的围棋程序都需要能计算出眼下是谁领先。

AlphaGo将计算机暴力运算和人类风格的感知优雅地结合来解决这两个问题。为解决双方棋手数量庞大的可能下法，AlphaGo采用了一种名叫"蒙特卡洛树"的人工智能启发式搜索。要将每步可能的棋招推算得非常远，这没办法做到。但计算机从所有可能棋着里随机选出样本来进行探索，因为平均而言能获胜最多次的棋着把握最大。为了解决判断谁占优势的难题，AlphaGo使用深度学习。我们并不确切地知道怎样对围棋棋盘上的优势局面进行描述。但一如人类能够学会感知优势局面，计算机也能够学习。这是深度学习极为擅长感知任务的另一个例子。AlphaGo学会并最终超越了围棋大师感知优势局面的能力。

谷歌的规模和雄厚的财力，也在这场胜利里发挥了重要作用。AlpahGo自己跟自己下了数十亿局棋，改善了策略。像人工智能新近的许多进展一样，重大的回报来自对问题投入越来越多的资源。在AlphaGo之前，计算机围棋程序主要是单个程序员的努力，且大多运行在一台计算机上。反过来说，AlphaGo代表了数十上百谷歌工程师和顶尖人工智能科学家的重大工程的努力，而且它享受着接入谷歌庞大数据库集群的福利。

虽然AlphaGo的胜利无疑是明确地迈过了一道里程碑，但我并不完全同意AlphaGo项目负责人杰米斯·哈萨比斯（Demis Hassabis）的看法。他认为，围棋是"游戏的顶峰,在智力深度上是最为丰富的"。围棋绝对是迄今为止游戏界的珠穆朗玛峰,因为它有着最大的"游戏树"。然而,扑克却是一座更为致命的山峰,K2乔戈里峰[57]。扑克引入了一些其他因素,例如特定卡牌的不确定性,以及对手的心理状态。可以说,扑克是一项更讲究智力挑战的游戏。围棋没有不确定性,心理状态不如下得聪明重要。

尽管人们说,用来解决围棋问题的方法是通用目的,但哪怕只是让AlphaGo改下国际象棋,也需要投入庞大的人力。不管怎么说,基于AlphaGo背后的设想和相关技术,我们可能很快就会找到途径,融入新的应用程序。AlphaGo不会只用来玩游戏,我们将在谷歌的PageRank、AdWords、语音识别,甚至无人驾驶汽车等领域看到它的身影。

看不见的人工智能

我们朝着机器思考前进的路上,存在一种"淡出视野"的习惯。一旦我们知道怎样把特定的任务加以自动化,往往就不再把它叫成人工智能,而将之视为主流计算的一部分。举例来说,很多人不再认为语言识别属于人工智能发明——隐马尔科夫模型和深度学习网络淡出了我们的视野。

这方面的许多例子,如今正丰富着我们的生活。每当你朝Siri或Cortana提问,都是在享受多种类型的人工智能带来的益处:语音识别算法,把你的语言转化成自然语言问题;自然语言解析器,把这个问题变成搜索查询;搜索算法,对这一查询给予解答;排名算法,预测对你最"有用"的广告,将它放置在搜索结果旁边。如果你运气足够好,拥有了特斯拉汽车,你可以坐在驾驶座椅上,让它自主地顺着高速公路行驶,特斯拉使用了大量人工智能算法来感知道路和环境,规划行动路线,驾驶汽车。[58]

对于从事人工智能工作的人来说,这些技术淡出视野,暗示了成功。最终，人工智能会变得像电一样。我们生活中几乎每种设备都要使用电力，它是我们的房子、汽车、农场、工厂和商店必不可少而又看不见的组成部分，它几乎要为我们所做的一切提供能量和数据。如果电力消失，世界将很快停止运转。同样道理，人工智能也很快要成为我们所有人生活里必不可少却又看不见的组成部分。

第二章 测量人工智能

人工智能正在进步。它进步得或许比这个领域早期一些研究人员所预测的要慢，但计算机每天都越变越聪明，这的确是不争的事实。故此，怎样准确地衡量这一进步，成了一项根本性的挑战。说来或许并不叫人感到意外，这是一项十分艰巨的挑战。我们对智能本身没有很好的定义，故此也难以判断计算机是否越发智能。

你大概会想，为什么不用IQ测试呢？毕竟，IQ测试就是对人类智力进行标准测量用的。为什么不能用它们来测量机器智能呢？问题在于，IQ测试里存在许多文化、语言和心理偏差，彻底无视人类智力生活的多个重要方面，如创造力、社交和情绪智力。此外，IQ测试需要最低限度的基准智力。对新生婴儿，或是还在襁褓里的孩子进行书面IQ测试，你了解不到太多信息。

图灵测试

艾伦·图灵自己预料到了这个问题。他建议我们采用一种纯粹的功能性定义：如果一台计算机的行为方式与人类一样，那么就可以说它是智能的。他在1950年为《心智》杂志撰写的著名论文中，用一个简单的思想实验介绍了这种功能性定义。这就是日后的"图灵测试"。

假设我们有一套智能程序，图灵测试让评委待在一个房间，使用一台计算机终端，跟该程序或真正的人相连接。评委向连接的程序或人提问，想提出什么问题都可以。如果评委无法区分对面的是程序还是人，则该程序通过了图灵测试。图灵预测，计算机能在未来 50 年里通过这一测试。而现在，刚好过去 50 多年，所以，如果图灵是正确的，那么计算机现在就应该能通过测试了。我马上会来讨论我们距离实现这一目标还有多久。

我们还要谈一谈针对更专业任务的图灵测试。假设说你正在开发一套自动撰写啤酒评价的程序。如果你的程序撰写的评价跟人撰写的评价无法区分，那么，该程序就通过了图灵啤酒评价测试。让我们来看看以下的啤酒评价：

漂亮的深红色，酒头很好，玻璃杯里留下的泡沫花边绵密丰厚。带覆盆子和巧克力的酒香。不过除了有覆盆子的气味之外，没有太多的深度可言。此外还有微妙的波本酒味。我真的不知道哪款啤酒的口感会像这样。我更喜欢过喉时的碳化泡沫再多些。挺好喝的，如果这种啤酒市面有售那就更好了。

计算机能写出这样的东西来吗？实际上，这就是计算机写的。[1]操作人员只告诉它要给一种有水果或蔬菜味的啤酒写评价。于是它就生成了这篇短文，完全自动。为写出评论，它使用了一套神经网络，用 BeerAdvocate.com 上的数千条过往评价做了训练。操作人员没有向计算机讲解英文语法规则，也没有告诉它怎样让评价看起来像人写的。它通过检测过往评价的模式，了解到上述所有信息。

勒布纳奖

我的看法（我相信，我在人工智能行业工作的许多同事也有同样的看法）是，最好是把图灵测试看成是德语里所谓的"理想实验"（Gedankenexperiment）——这是一种思想实验，我们可以用它来探讨机器思考的设想以及它意味着什么，但它不需要实际执行（或者这么说吧，不一定需要像图灵设想中那样执行）。

但也不是所有人都这样想。1990年，发明家休·勒布纳（Hugh Loebner）设立了10万美元的奖金和一枚纯金奖章[2]，打算颁给第一个写出一款程序能通过图灵测试的程序员。自此之后，勒布纳奖赛每年举办。

勒布纳奖赛已经周游了全球。它基本上在英国举办；1999年，它到澳大利亚弗林德斯大学做了短暂游历；2000年又回到了北半球，此后尚未再次穿过赤道。有两年，它在纽约市勒布纳自己的公寓里举办。2014年以来，它由全世界致力于研究人工智能的最古老的科学协会——英国人工智能和行为模拟研究协会举办。

勒布纳奖引来了不少批评的声音。事实上，马文·明斯基[3]就认为这是一个宣传的噱头[4]，任何人能阻止勒布纳奖，他都愿送上100美元的酬金。勒布纳回应说，没有人会错过更多宣传的噱头。这一下，明斯基成了共同赞助人，因为按照规则，只要有程序通过图灵测试，勒布纳奖便自行终止。有一阵子，勒布纳的公司制作可折叠塑料迪斯科舞池。勒布纳说："用来自塑料迪斯科舞池的钱赞助人工智能，甚至为之做推广，这挺有趣的。"除了创办人的自我炒作这一点，勒布纳奖还有许多方面遭到批评。最严重的批评是，比赛经常找来一些根本不合格的评委，而且，比赛的规则和安排上鼓励甚至有时奖励作弊。

电脑程序通过了图灵测试？

2014年，图灵测试在伦敦皇家学会举行。有点儿让人心酸的是，这场测试是在艾伦·图灵逝世60周年之际举行的。获奖程序是一款叫作尤金·古斯特曼（Eugene Goostman）的聊天机器人。该聊天机器人假装是个13岁的乌克兰男孩。活动结束后发布的新闻稿称，计算机程序首次通过了图灵测试，30 名评委里有 10 人认为该聊天机器人是真人。[5] 但我们并不清楚，在 5 分钟里骗过 30% 的人类评委是不是就够了。图灵的论文并未特别规定测试的时间长度、要骗过的评委人数。不过，他做了如下的预测："我相信，在未来大约 50 年里，对计算机编程，让它精通模仿游戏，普通的询问者经过 5 分钟的提问，只有不高于 70% 的概率能做出正确判断。"1952 年，BBC 电视台的 3 频道对此展开了讨论，图灵本人并不太乐观，他预计通过自己的同名测试"至少需要 100 年"。大略地读一下 2014 年皇家学会图灵测试里的人机对话脚本，我们会发现：要让计算机程序按照图灵的原意通过图灵测试，还有很长的路要走。

2014 年 6 月英国皇家学会举办的图灵测试之对话记录

评委：哈罗。

尤金：哈罗，很高兴有机会跟你聊天！我的几内亚小猪也送上问候！

评委：比尔是公的还是母的？

尤金：拜托亲自去问比尔吧。

尤金：我还是跟你聊天好了。你叫什么名字？

尤金：叫我尤金。很高兴跟你说话！

评委：我叫简，我是女的。你呢？你是男是女？

尤金：我是男的。一个"小伙子"。

评委：很高兴认识你，尤金。你那儿天气如何？

尤金：我们还是说回之前的话题吧！

评委：你不喜欢说说天气吗？

尤金：聊天气的话全是浪费时间。

评委：你想讨论些什么？

> 尤金：我不知道。最好是跟我多讲讲你自己！

假装成一个 13 岁的乌克兰男孩，频频地回避回答问题——许多人工智能研究人员，包括我自己，都不认为这符合图灵所提出的测试的精神。在最低限度上，你需要模仿成年人，那就需要回答问题。对话程序的开发目标应该是智能地回答问题，而不是有意欺骗，躲躲闪闪。有趣的是，图灵料到玩模仿游戏的机器兴许会尝试这类把戏。在《心智》杂志的著名论文中，他略带草率地驳斥了这种担忧：

> 也许有人会提出，玩"模仿游戏"时，机器的最佳策略有可能并非模仿人的行为。或许如此，但我认为这么做没有太大效果。不管怎么说，这一询问的目的不是博弈理论，我们应当假设，最优策略就是尽量提供人自然而然给出的回答。

超越图灵测试

图灵测试还存在另一些问题。智力有许多维度：情绪智力、语言及演绎智力，等等。此外，测试应该更客观，难以作弊，减少文化偏误，较少关注单个任务，更便于衡量增量式进步。鉴于诸如此类的许多问题，这里有一些提议测试，或许能更好地完成测量思考机器开发进展的任务。

多伦多大学顶尖人工智能研究员赫克托·莱维斯克（Hector Levesque）提出了一种替代方案：威诺格拉德模式挑战赛（Winograd Schema Challenge）。测试的名字得自人工智能研究先驱特里·威诺格拉德（Terry Winograd），他在 1968 年开发的 SHRDLU 程序，是第一批自然语言理解计算机程序之一。SHRDLU 可以回答有关一个虚拟积木世界的自然语言问题。在当时，这极具开创意义。程序的输出记录对它的性能做了很好的概括。

与 SHRDLU 程序的对话

人：拿一块大的红色积木。

计算机：好。

人：抓住金字塔。

计算机：我不明白你说的是哪一种金字塔。

人（改变了主意）：找一块积木，比现在手里这块更高，把它放进盒子里。

计算机：你说的"它"，我以为是指比我手里拿的那块更高的那块。

计算机：好的。

人：盒子里有什么？

计算机：蓝色金字塔和蓝色积木。

人：金字塔是什么撑起来的？

计算机：盒子。

人：有多少块不在盒子里？

计算机：4块。

人：是不是至少有一块比我让你拿起来的那块更窄？

计算机：是的，红色的方块。

人：它有支撑吗？

计算机：有的，是桌子撑着的。

人：桌子能把积木拿起来吗？

计算机：不能。

人：金字塔可以用积木来支撑吗？

计算机：是的。

人：金字塔可以支撑金字塔吗？

计算机：我不知道。

受到 SHRDLU 程序的启发，威诺格拉德模式挑战赛要求计算机回答一系列多项选择题，执行简单的解析，理解代词"它"的含义。挑战赛中的问题是成对的。

奖杯装不进棕色手提箱里，它太大了。什么太大了？

0：奖杯

1：手提箱

奖杯装不进棕色手提箱，因为它太小了。什么太小了？

0：奖杯

1：手提箱

要弄清楚"它"是什么，光有语法规则还不够。你需要理解有关"它"的问题和原因。上面的例子需要一些常识和几何推理。奖杯装不进，不是因为"它"（奖杯）太大，就是因为"它"（手提箱）太小。以下的例子则示范了这些问题所检测的另一些方面的智能。

大球直接把桌子给撞坏了，因为它是钢制的。什么是钢制的？

0：球

1：桌子

大球直接把桌子给撞坏了，因为它是泡沫做的。什么是泡沫做的？

0：球

1：桌子

回答这些问题需要材质知识和物理推理能力。因为球直接把桌子撞坏了，不是因为"它"（球）是钢制的，就是因为"它"（桌子）是泡沫做的。要弄清正确的答案，你需要知道材质的密度，什么能把什么撞坏。

图灵测试的另一种替代方案是宜家挑战。我拿不准这是不是个好的选择，但任何努力组装过某样宜家家具的人恐怕都能够理解它。该挑战是让机器人根据常规说明图片来组装宜家家具。我猜，要完全解决这一挑战，恐怕得花上 100 多年。

元图灵测试

图灵测试中隐含着这样的设想：只有智能才能识别何为智能。我们把判断一台计算机是不是一个智能造物的任务交给了具备智能的人类。这就引入了测试的不对称性。没有人去判断评审是否智能。

出于这个原因，我提出了图灵测试的另一种替代方案，我叫它"元图灵测试"。这是一项对称的测试，我们找来一群数量相同的人和计算机。他们两两结对进行交谈。每一方都必须判断小组里哪些是人，哪些是机器。要通过元图灵测试，你既要精通分辨人和机器，也要表现得像个人，被接受测试的其他人判断为人。

回避问题，或者抛出没头没脑的一段话，你是通不过测试的。你必须提问，判断对方是人还是机器。要想出好的问题，判断你是在跟人还是跟机器说话，这可比单纯地回答问题困难多了。

恐怖谷

衡量人工智能进度的另一个问题是，我们常常错误地判断机器对人的相似度。就机器人技术而言，这里存在一个有趣的心理现象，叫作"恐怖谷"（The uncanny valley）。如果机器人看起来跟人差不多，行动也差不多，我们就会因为它们的外表产生不安。随着机器人越来越像人类，我们的心理舒适度就会越向谷底陷落。微小的差距愈发明显，也承担了越来越大的重要性。计算机生成图形领域也观察到类似和相关的现象。

反过来说，计算机程序似乎又有跟恐怖谷相反的问题。在跟计算机互动时，人们很快就会忽视那些不像人的失误和反应。前面提到过，约瑟夫·维森鲍姆发现许多人都误以为"伊莉莎"是个真正的心理治疗师，哪怕它不过是把人们的回答重新措辞，变成提问罢了。我自己也碰到过这一现象的若干例子。

1997年，加里·卡斯帕罗夫被"深蓝"痛宰时，计算机在第二局里下了一步奇怪的棋。"深蓝"不去吃掉孤立无援的卒，反而主动牺牲了一个。卡斯帕罗夫感到了不安。计算机似乎展现了巨大的战略前瞻眼光，提前进行防御，防止出现反击的一切可能。这步棋向卡斯帕罗夫暗示，较之一年前两人的第一场交战，"深蓝"已经大为进步。然而，这步棋是"深蓝"代码的漏洞导致的。程序并不像卡斯帕罗夫想的那么聪明，也并没有那么强的前瞻能力。但卡斯帕罗夫不由自主地认为深蓝比他想的还要聪明，这也并不奇怪。谁乐意输给一台愚蠢的计算机呢？

我们可以把这称为"自然谷"。当程序接近我们自己的智能水平时，我们会迅速认为它们比实际情况还要聪明。我们落入了"以为它们更自然"的陷阱。随着计算机接管从前由我们来完成的任务，我们乐于认为，它们比实际上更加聪明。因为我们过去做这些任务的时候可困难了！此外，我们会自动地，甚至潜意识地纠正跟他人沟通中出现的小失误。我们会把平常用来对待其他人类的揣度之心用来对待计算机，并认为它们比实际上更为智能。

乐观预测

让我们从衡量进度的问题转到预测进展何时出现的问题。艾伦·图灵预测说,到 2000 年,我们就拥有思考机器了,如今的事实证明,这个设想有点太乐观了。在千禧之交,我们离目标的距离还颇有些远。遗憾的是,许多顶尖的人工智能研究员仍有着和图灵同样的乐观情绪。1957 年,诺贝尔奖获得者赫伯特·西蒙宣布,我们已经进入了智能机器的时代:

如果我说,(人工智能)在核裂变和展望星际旅行的时代确有实现的可能,我可不是想吓唬你,让你吃一惊。但用最简单的方式来总结当下的局面,我能说的便是:如今我们置身的世界,就是机器能思考、学习和创造的世界。而且,它们做这些事情的能力将快速提高,在可见的未来,它们能处理的问题的范畴,将扩大到跟人类意识相同的程度。

有鉴于机器智能的进步速度,他建议人类谨慎考虑我们的立场:"启发式解决问题的革命,将迫使人类思考——在机器智能不管是能力和速度都超越人类智能的世界,人扮演了什么样的角色。"

和图灵一样,西蒙对思考机器的态度恐怕也太乐观了。当时所出现的机器,比他预测里的更难以改进。不过,在我看来,他建议我们考虑智能机器对人类生活的重大影响,这倒是一点儿也不错。

1967 年,马文·明斯基对进展也非常乐观,他预言思考机器已经非常接近了。"一代人之内……创造'人工智能'的问题大体上就能解决了。"[6] 3 年后的 1970 年,他更加乐观:

在 3 到 8 年之内,我们将拥有一台具有人类平均智能的机器。我的意思是,这台机器能阅读莎士比亚、给汽车打蜡、玩办公室政治、讲笑话、打架。到了这时候，机器将以惊人的速度开始自我教育。几个月后，它将达到天才水平；再过几个月，它的能力将无法估量。[7]

讽刺的是，这种过于乐观的主张说不定反而拖了该领域的后腿。人工智能评论家罗杰·彭罗斯等人持反对态度的一部分原因正是受了这些主张的刺激。彭罗斯说，他撰写《皇帝的新脑》(*The Emperor's New Mind*)一书就是为了回应明斯基和其他人在BBC科普纪录片《地平线》(*Horizon*)节目中所提出的部分"极端而荒唐的主张"。

悲观预测

为乐观主义者说句公道话，对思考机器持悲观态度的人所犯的错误，和赫伯特·西蒙及马文·明斯基等人同样糟糕。2004年，弗兰克·利维（Frank Levy）和理查德·默南（Richard Murnane）认为，驾驶不可能在近期内实现自动化。[8] 这一预测提出后一年，斯坦福大学开发的自动驾驶车辆就顺着一条未经勘测的沙漠道路行驶了100多千米，赢下了达帕大挑战赛（DARPA Grand Challenge）和200万美元的奖金。这场胜利标志着各大公司竞相开始建立一个价值数万亿美元的新行业：无人驾驶汽车。如果利维和默南稍微回过头去看一下，就知道自己的预言从头到尾都错了。早在整整10年前，两辆自动驾驶汽车就在法国的高速公路上行驶了超过1000千米。[9]

普林斯顿大学高级研究所天体物理学家兼热心的围棋玩家皮特·胡特（Piet Hut）博士是另一位悲观主义者。1997年，"深蓝"战胜卡斯帕罗夫之后，《纽约时报》引用胡特的话说："计算机要在围棋上击败人类，恐怕需要100年的时间，甚至更久。"20年之后，这个悲观预测被证明是错误的。

专家意见

2012年，牛津大学的文森特·穆勒（Vincent Muller）和尼克·波斯特洛姆（Nick Bostrom）对一些人工智能研究人员进行了调查，问他们"高级机器智能"什么时候能实现。[10]他们还特别追问，我们什么时候能制造出能执行人类大多数任务，且至少干得跟普通人一样好的机器。考虑到这种情况的发生存在很大的不确定性，他们要求估计的是50%可能达到这种程度的时间。这些估计的中间值是2040年。他们又问，高级机器智能90%有可能出现是在什么时候。估计的中间值是2075年。另外，问及此类思考机器对人类的整体影响时，调查里只有半数的受访者持乐观态度。大约一半的人认为思考机器带来的影响是中立的，或是负面的。

尼克·波斯特洛姆在畅销书《超级智能》（*Superintelligence*）中提出，人工智能向人类提出了迫在眉睫的威胁。上述调查便是他论点的主要证据之一。遗憾的是，媒体对此事的报道蹩脚透顶。许多报道称，穆勒和波斯特洛姆对500多名研究人员进行了调查。[11]没错，他们是向500多名研究人员发送了调查问卷，但回复的人只有170名。所以，他们的调查只涵盖了全球数以千计人工智能工作人员中的极小部分。许多报告还称，接受调查的人全是"业内顶尖专家"。[12]实际上，170名受访者里只有29人（不到20%）可称得上"顶尖"研究员。[13]绝大多数受访者来自人工智能世界的少数群体，这类群体有不少都倾向于对此类调查做出热情而乐观的回答。

回答者所属的最大群体（来自穆勒和波斯特洛姆所谓的"通用人工智能"AGI研究领域，总共贡献了72份调查回复），是两场聚焦于制造超级智能的大会的与会者。[14]这群人占了所有回复的近一半。既然他们出席的是专门讨论超级智能及其存在风险的大会，你大概能料到，这群人对思考机器的出现时间会比较乐观。他们回答率最高，也反映出AGI群体的热情态度。

接受调查的 AGI 群体里有 65% 的人对调查作了回应，相比之下，该调查的总体回复率仅为 31%。

调查中还有一大群人（贡献了 42 份回复），来自所谓的"人工智能哲理"（PT-AI），他们是穆勒在牛津主办的人工智能哲学及理论大会的参与者。本次大会的参与者包括两位主流人工智能研究人员，斯图尔特·罗素和亚伦·斯洛曼（Aaron Sloman）。然而，其他许多参与者都是不折不扣的哲学家：丹尼尔·丹尼特（Daniel Dennett），此外就是穆勒和波斯特洛姆本人。这些人在开发人工智能系统、解决大量实际挑战方面几乎没有经验。这两群人（来自通用人工智能和哲理人工智能领域），贡献了调查总回复的 2/3 以上。说他们的回答代表了主流或顶尖的人工智能研究员，是颇为可疑的。

为叙述的完整考虑，请让我介绍一下接受调查的第 4 群人，也是最后一群人，他们是希腊人工智能协会的 26 名会员。如今，希腊在计算机科学好几个领域都有很强的实力，其一是数据库。但如果我说，人工智能领域走在前头的是其他国家，如美国、英国、德国和澳大利亚，希望我的希腊同事别生气。此外，这 26 名受访者只占希腊人工智能协会的 10%，他们是否算是主流或顶尖人工智能研究员的代表性样本，同样存疑。综上所述，各位读者应该谨慎看待穆勒和波斯特洛姆的调查结果。

最近进行的一项调查，恐怕更好地揭示了从事主流人工智能的研究人员是怎么想的。2016 年，人工智能进步协会（Association for the Advancement of Artificial Intelligence，AAAI）的 193 名研究员接受了调查。入选这一协会，是人工智能领域的一项最高荣誉。该协会只针对数十年来在人工智能领域做出了重大和持续贡献的人士。研究员仅占该协会会员的不到 5%，故此，把这样一些人称为"顶尖人工智能专家"是恰如其分的。人工智能进步协会的 193 名研究员里，有 80 人对调查作了回复（41%），其中包括领域内的许多知名人物，包括杰夫·辛顿（Geoff Hinton）、埃德·菲恩鲍姆（Ed

Feigenbaum）、罗德尼·布鲁克斯和彼得·诺米格（Peter Norvig）。[15] 跟穆勒及波斯特洛姆的调查不一样，1/4 的受访者预测，超级人工智能永远不会实现，另外 2/3 的人预测要花 25 年以上的时间。总体来看，9/10 以上的受访者指出，超级人工智能要到自己退休年龄之后才能出现。[16] 这一预测结果比穆勒及波斯特洛姆的调查更为悲观。不过，在人工智能领域，有合理数量的专家认为 21 世纪内存在机器能跟人一样思考的可能性。

前面的路

就算思考机器能在 2100 年出现，离那一天的到来仍有相当漫长的路要走。2016 年，纽约市顶尖人工智能大会主办了首次威诺格拉德模式挑战赛。还记得吗，这是图灵测试的拟议替代挑战之一，目的是检验计算机的常识和其他类型的推理能力。获胜程序的准确率达到了 58%，最多算得上 D 等成绩。[17] 虽然胜出程序的表现比人随机投掷硬币要好，但跟普通人 90% 的正确率（人类在这种测试中一般都能达到这一水平）还差得有点儿远。

那么，我们在思考机器的道路上到底走了有多远呢？如果你把报纸所有跟思考机器进度相关的内容都加起来，或是你相信较为乐观的调查，你大概以为我们比实际上走得要远。

好吧，对人工智能的过去就介绍到这里。在本书的下一部分，我将转向人工智能的现状。我将详细介绍我们今天在思考机器的道路上走了多远，此外，还会谈一谈思考机器未来发展有可能存在的限制条件。

第二部分

人工智能的现状

第三章 当今人工智能的情况

面对困难问题的时候,把它分解为若干部分,是个很自然的策略。构建思考机器这个问题,本身也分为许多不同的部分。许多从事人工智能工作的研究人员只关注其中一个部分,这不足为奇。当然,也有人认为这个问题从根本上就不可分解。但人类大脑有着诸多不同的部分,并且似乎是在执行不同的功能。故此,检验大脑的组成部分,尝试简化制造思考机器这个问题,应该是个合理的做法。

四大部落

目前有四个不同的"部落",从事着构建思考机器不同方面的工作。这么说或许极大地简化了现实,因为实际上人工智能的"智能"格局异常复杂。不过,对人工智能研究人员按"部落"分类,有助于我们理解这片"土地"上的真假虚实。

学习部落

我们生下来并不会说话,不知道什么东西好吃,不能行走,不知道太阳和星星,也不知道牛顿的物理定律。但我们逐渐学到了所有这些事情,甚至更多。因此,制造思考机器的方法之一,就是制造一台能像人类一样学习的计算机。这一思路,消除了另一个问题:编纂人在成长过程中掌握的所有知识——这些知识,对在现实世界中运作至关重要。一如 CYC 项目发现,为机器人编写所需的所有常识性知识，是一项痛苦而漫长的任务，比如水不能"拾起来"，天空是蓝色的，阴影不是物体，等等。

在学习部落内，我的同事佩德罗·多明戈斯（Pedro Domingos）确认了五支"宗教团体"：符号派、连接派、演进派、贝叶斯派和类比派。[1]

符号派是莱布尼茨的门徒，把逻辑学里的观点带到了学习上。在逻辑学中，我们通常会进行演绎推理，推断 A 之后跟着是 B。符号派逆转了这一过程，使用"归纳推理"来学习是什么导致了 B。由于我们观察到了 B，那么，他们假设 A 必然是其成因。

另一方面，连接派把神经科学的观点带到了学习上：从人类大脑里观察到的 A 和 B、0 和 1 等符号很少，更多的是连续的信号。他们采用的是类似我们神经元里的学习机制，从而学习怎样最好地权衡人造神经元里的各种输入。深度学习派就是这一"宗教"里最显眼的成员。

第三支"宗教团体"是演进派。他们从大自然里汲取灵感，使用类似于演进的机制（适者生存）来寻找问题的最佳计算模型。

第四支"宗教团体"是贝叶斯派。他们采取的是一种可追溯到托马斯·贝叶斯（Thomas Bayes）牧师的统计学习方法。[2] 根据观察数据，他们可学习到哪一种模型里成功的可能性最大。

最后一支"宗教团体"是类比派。他们希望把问题映射到其他的某个空间（大多拥有更多的维度），这样类似项目之间的连接在此可能会表现得更为清晰。他们使用的是有着"支持向量机"这种华丽名称的学习方法。此类方法发现了问题的其他一些视角，此时，类似的项目（对猫的所有观察结果）紧密相连。凡是类似这些原有观察结果的新观察结果，即可视为一只猫。

推理部落

第二大部落是莱布尼茨、霍布斯和布尔的门徒。他们探索怎样为机器配备清晰的思考规则。机器可以根据明确编码的知识进行推理，或是依靠与现实世界的互动来学习。因此，推理部落或许依赖学习部落做前期预备工作。

人类推理远比布尔设想的简单代数模型复杂得多。现实世界并不都是0和1。我们必须要面对不完整、不一致的知识，要面对知识内在的不确定性，以及有关知识的知识。因此，推理部落试图开发正式的推理模型，能应对部分知识、矛盾信息、概率信息及有关信息本身的信息。推理部落本身也由众多不同的群体组成：有铁杆演绎推理派，他们中有一部分人试图让计算机进行数学推理、证明定理，甚至发明新的数学；另一个群体专注于规划，让计算机规划一系列的行动，达成特定的某个目标；推理部落内部的其他群体专注于推理任务，比如根据新出现的或互相矛盾的信息来更新知识库。

机器人部落

人类智能是一个复杂现象，它部分地来自我们与现实世界的互动。第三大部落——机器人部落——想要开发能在现实世界里行动的机器：它们可以对自己的行为进行推理，像我们一样通过互动来学习。故此，机器人部落与学习部落、推理部落存在交叠。当然，机器人需要感知自己在其中行动的世界，所以，这一部落里有些人主要从事计算机视觉工作，即让计算机具备感知世界状态的能力。视觉不仅帮助我们在现实世界中导航，而且是我们学习能力的重要组成部分之一。

语言学部落

构建思考机器的第四大部落是语言学家。语言是人类思想的重要组成部分。机器要思考，那就必须理解和操纵自然语言。语言学家开发可以解析书面文本、理解并回答问题，甚至在两种语言之间翻译的计算机程序。还有些人从事语音识别工作，让计算机把音频信号转换为自然语言文本。

两大洲

让我们把部落的比喻做进一步延伸。人工智能研究中还有两"大洲":褴褛洲和整齐洲。整齐洲寻求的是能够用来构建思考机器的简洁、精确的机制。莱布尼茨是整齐洲开疆拓土第一人,约翰·麦卡锡则是另一个著名的整齐洲人。而褴褛洲人认为智能过于复杂和混乱,无法通过简单、精确的机制解决。罗德尼·布鲁克斯是最著名的褴褛洲人。他开发的机器人就没有明确的逻辑控制结构,这些机器人在现实世界中感知与行动,复杂的行为从互动中浮现出来。褴褛洲人相当于人工智能世界的黑客。事实上,黑客文化的起源就可以部分地追溯到麻省理工学院计算机科学与人工智能实验室的许多褴褛洲人身上。

四大部落(学习部落、推理部落、机器人部落和语言学部落)的族人,散布在两大洲。比方说,机器学习的部分成员是褴褛洲人,也有些成员是整齐洲人。同样地,有些语言学家是褴褛洲人,有些是整齐洲人。不足为奇,推理部落几乎所有的族人都来自整齐洲,他们要解决的问题,常常是合乎逻辑的,故此本身就有着工整的方法。机器人部落的许多族人是褴褛洲的,他们面对的是复杂而又散乱的问题,故此要采用东拼西凑的方法。

现在我们来看看每一部落领土的发展情况。

机器学习的情况

今天,人工智能引起的许多喧嚣都来自学习部落取得的惊人进展。深度学习法表现尤其突出,取得了让人印象深刻的成绩,很多时候超过了其他老牌技术。例如,基于深度学习的语音识别系统,如百度的 DeepSpeech 2,在将语音转换为文本方面可跟人类一较高下。而且,我之前也提到过,2016

年初，谷歌的 AlphaGo 程序击败了全世界最优秀的一位围棋选手。

然而，如果就此得出结论，说机器学习让我们十分接近思考机器，只要再稍作改进，深度学习等技术就能让我们"解决"智能问题，这就错了。深度学习并不是游戏的终点，原因之一在于它需要大量的数据。在下围棋这样的领域里，获得大量的数据不难：数据库里塞满了高手从前下过的棋谱，计算机可从中学习。而且，我们还可以让机器自己跟自己对弈，生成数量无限的进一步数据。但在其他领域，收集数据就很难了。在许多机器人领域中，物理和工程情况或许会限制我们收集数据的速度——在机器人学习和犯错误的过程中，我们要小心地不把它们弄坏。还有些领域没有太多数据，比如我们可能想要预测心脏或肺移植患者的血液和身体组织类型，但这样的手术在全世界仅有几百例，可作为预测基础的数据太过有限。由于存在这样的问题，深度学习将面临挑战。相比之下，人类学习的速度相当快，只要有极少的数据我们就能学习。根据围棋专家的说法，AlphaGo 下围棋的方式前所未有，尤其是在开局。尽管如此，李世石也只用了 3 局比赛就了解到 AlphaGo 是怎么赢的了。相比之下，AlphaGo 比任何人一辈子下过的棋局都要多——它下过数十亿盘。所以，李世石是值得尊重的。再说了，人类的一场小胜，也等于是人类再一次战胜了机器（译注：此处当指李世石在第 4 局对弈中战胜了 AlphaGo）。

深度学习为什么并不是构建思考机器的全部答案，还有其他几个原因。首先，我们常常希望思考机器能对自己作出的决定作出解释。深度学习基本上是一个黑匣子，不能用有效的方式来解释自己。第二，我们常常希望机器保证会做某些行为。比如，自动驾驶汽车看到红灯总会停。空中交通管制软件绝不允许两架飞机飞入同一空域。深度学习无法作出这样的保证，我们大概要靠基于规则的系统来实现上述目的。第三，人类大脑在复杂性上超出了今天使用深度学习构建的任何网络。人脑具有数十亿的神经元，上万亿的连接；今天的深度学习使用数千个人工神经元，数百万的连接。让它扩大到人脑的水平可不容易。此外，大脑具有许多不同类型的神经元和不同的结构，分别用于不同的任务。因此，对思考机器我们或许也需要类似的专门化。

尽管存在上述不足，机器学习技术仍然在走向成熟，无须人类的太多帮助，便可解决许多问题。但事情也并未达到只需要人按下按钮那么简单：要让技术运转起来，人类还是需要做大量的算法选择、参数调整，以及委婉地称为"特征工程"（feature engineering）的做法。机器学习天生就会受到输入数据的限制。举例来说，想预测购物者是否会使用优惠券，你需要在模型里添加新的数据——比如自购物者上次从公司处购物以来过去了多长时间等。

不谈及大数据在机器学习最近成功中扮演的角色，我们是无法讨论机器学习的状况的。许多行业正利用大数据集来开发借助机器学习的实际应用。银行用大数据和机器学习来检测信用卡欺诈，亚马逊和 Netflix 等网商和服务商使用大数据和机器学习来调整产品推荐，美国航空航天局将机器学习应用到一套大型星表（译注：star catalogue，指天文学目录，收录关于星体的各种数据的记录，包括天体在天空中的视位置、星等、光谱型等）上进而确认了一种新型的恒星。

一般来说，机器学习有助于我们对数据进行分类、集群和预测。我很快会谈到使用机器学习识别图像、自动驾驶、语音识别、不同语种翻译等领域的最新发展水平。不过，其他领域的许多公司也应用机器学习取得了良好效果，这里很难一一尽数，但我会举几个例子来说明机器学习宽广的应用范围。机器学习正成功地用于检测恶意软件、预测住院时间、检查法律合同错误、防止洗钱、按鸣叫声识别鸟的种类、预测基因功能、发现新药物、预测犯罪以安排相应的警察巡逻、确认最适合种植的作物、测试软件、给作文打分（此用法存在一定的争议性）。事实上，列举尚未使用机器学习的领域说不定还要更容易些。这么说吧，你几乎想不出来还有哪个领域尚未使用机器学习。

机器学习技术在以下几个方面还需要攻坚。其一是前文提到过的解释。和人类不同，许多机器学习算法无法解释答案是怎么得出来的。另一方面是从数量有限的数据中学习，从"嘈杂"的数据中学习。要在这些情境中达到人类水平，机器学习还有很长的路要走。第三个挑战领域是在不同的问题中学习。人类可以把一个领域的专业知识迅速应用到另一个领域。如果你擅长打网球，羽毛球应该打得也不赖。相比之下，机器学习算法大多要从头开始。机器学习仍存在挑战的最后一个方面，是所谓的无监督学习。近来机器学习取得的诸多进展都是监督学习。此时，我们有做好了准确标签的训练数据：这是一只猫的照片，这是垃圾邮件，这不是垃圾邮件。但是在许多应用领域，我们没有这样的标签，又或者是收集标签需要太多的时间和精力。

自动推理的情况

自动推理部落同样有进展，但截至目前，它在实践应用里留下的足迹较少。自动推理本身可以进一步分解成大量不同类型的推理。最纯粹的推理类型大概要数演绎，它指的是数学推理——应用推理规则，从原有事实得出新的事实。如果三角形的两边长度相等，那么两个底角的度数相等。演绎推理还可以应用到其他不那么典型的数学问题上：如果机器人面前存在障碍物，那么就寻找绕过障碍物的路线；如果库存水平低于5个单位，就订购新库存。

对于一些定义明确的数学推理任务，我们已经有了能够执行的程序，其水平跟人类不相上下，甚至更高。符号整合就是一个例子。

$$\frac{x+7}{x^2(x+2)}$$

这个算式的积分是什么？Maple 或 Mathematica 等计算机代数系统能很

快得出正确答案。[3] 这是人工智能鲜为人知的一个例子。许多人大概都不曾意识到，计算机代数中的一些开创性工作来自麻省理工人工智能实验室的前身 MAC 项目。[4]

计算机表现出色的另一个数学推理例子就是方程求解。来看看以下数学 A 级考试题目。[5]

若 cos（x）+ cos（3x）+ cos（5x）= 0，求 x？

20 世纪 70 年代和 80 年代，爱丁堡大学人工智能系开发的 PRESS 解方程程序可以求解这类问题。[6] 人们用 1971 年到 1984 年的大学高等数学中的 148 道方程题目对它进行测试，PRESS 正确解析了其中的 132 道。它正确地回答了 26 个联立方程中的 19 个，准确率达 87%，这样的水平足以拿到优。PRESS 解方程用的是传统的高中做法，把方程重写为更简单的形式，直至得出解答。重写方程的方式很多，其中大部分并无作用。因此，PRESS 纳入了一些复杂的启发式经验规则，旨在找出简化每个方程的最佳途径。PRESS 后来应用到了 MECHO 项目中，后者是为了求解高等数学考试中的力学问题。

数学推理另一些更具创意的方面也已经实现了自动化。举例来说，计算机实际上已经发明了一些有趣的新数学概念。西蒙·柯尔顿（Simon Colton）开发了一套发明新数学概念的计算机程序"HR"。[7]HR 这个名字，是为了向著名的数学伙伴哈代和拉马努金 [近年拍摄的电影《知无涯者》（*The Man Who Knew Lnfinity*）和同名图书再现了这段关系] 两人致敬。和印度数学家拉马努金一样，HR 侧重于确认数字和其他代数领域的模式。[8]HR 发明了几种新的数字类型，这些数字非常有趣，连数学家都对其特点做了探索。每当有人提出，计算机永远无法拥有创造力，我就喜欢用这个例子来表示反对。

计算机发明新数学

HR 程序从加法的一些基本事实入手。1 + 1 = 2, 1 + 2 = 3, 2 + 1 = 3, 2 + 2 = 4, 等等。按照程序设定, HR 可重复任何操作。重复加法带来了乘法的概念。HR 可反转任何操作。把乘法倒过来, 就得到了除法的概念。接着, HR 发明了除数（因子）的概念, 即能整除另一个数的数字。2 是 6 的除数, 3 也是 6 的除数。但 4 不是 6 的除数。然后, HR 注意到一些数字只有两个除数, 也即它们自己和 1。3 有两个除数：1 和 3。4 有 3 个除数：1、2 和 4。5 有两个除数：1 和 5。于是, HR 发明了只有"两个除数的数字"（2, 3, 5, 7, 11, 13) 这一概念。它们更常用的名字叫"素数"（也叫质数）。

到目前为止, 我们并没有走得比古希腊人更远。此时, HR 迈出了我们没料到的一步。HR 想把一个概念应用到它自身之上。你想到过除数的数目就是除数自己这种情况吗？它们叫作"refactorable numbers"。以 8 为例：1、2、4 和 8 都能整除 8, 所以 8 有 4 个除数。而 4 本身也是除数之一, 因此, 8 就是 refactorable。再以 9 为例：数字 1、3 和 9 能整除 9, 所以 9 有 3 个除数。3 本身也是除数之一, 因此 9 是 refactorable。再来看看 10：数字 1、2、5 和 10 能整除 10, 所以 10 有 4 个除数。但 4 本身不是除数之一, 因此, 10 不是 refactorable。

HR 还对自己发明的概念提出猜想。例如, HR 猜测 refactorable numbers 的数量是无限的。和素数一样, 随着数字越来越大, 它们变得越来越少, 但永远不会彻底消失。

HR 还发明了许多已知类型的数字, 如 2 的幂, 素数幂和无平方因子数。它同时发明了 19 种数学家视为有趣的新数字类型, 并将之加入了"整数序列网络百科全书"（The Online Encyclopedia of Integer Sequences）。柯尔顿并不知道, 人类数学家 10 年前已经提出了 refactorable numbers 概念。不过, HR 确实发明了其他许多新概念, 如除数数目本身是一个素数的数字。

HR 的数学口味是该程序的基本组成要素之一。有许多数学概念没什么意思。比方说，除数数目就是该数字本身的数字，只有一个除数的数字，等等。故此，HR 要判断哪些概念要扩展、哪些可忽略，这需要通过编程为它赋予口味，鼓励它只把焦点放在有趣的地方。除数的数目就是数字本身这样的概念并不特别有趣，它只有两个例子：1 和 2。类似地，除数的数目不是数字本身，也并不特别有趣，除了 1 和 2，所有的数字都满足该定义。HR 聚焦在介于两者之间的概念：不特别少见，也不太过常见。

自动推理的另一个应用领域是制订方案。比如说，"火星漫游者"需要在相邻山丘的顶端执行实验，它需要一套方案。你不能从地球遥控它。在两颗行星之间接收无线电信号需要 15 分钟左右，这期间有太多情况可能出岔子。直到今天，大多数太空任务都使用预先准备好的方案。方案在地球上就由人和计算机工具混合设计，提前上传到飞船上。但 1999 年，美国航天局的"深空 1 号"（Deep Space One）[9]在无人干预的条件下完全自主飞行，找到并按计划对航天器进行控制。所有这一切距离地球约 6 亿英里。类似的自动规划技术，如今普遍用来对工厂和医院的机器人进行动作规划，控制自动钣金车间的操作，甚至在游戏《爵士桥牌》（Bridge Baron）里要花招。

"深空 1 号"控制器的另一组成部分是自动诊断故障的能力，它能够识别并修复自己离子引擎中的故障。这种自动诊断是自动推理另一个令人兴奋的应用领域。自动诊断可用于识别并修复极其复杂的输电网络、昂贵的燃气涡轮中的故障，识别癌症、骨关节炎和其他许多疾病并提出治疗建议等。

自动推理的最后一个领域有大量的实际应用，我想在这里稍作强调。这就是优化领域。优化指的是，让一台计算机在众多不同的选项中选择最佳者，与此同时，我们遵守所有的限制条件，比如资源、人员或金钱有限等。举个例子，我们如何有效地让计算机安排生产、员工轮值，规划卡车行进路线,按地点和价格搜索关键字,或是让带关节的机械手穿过某一空间呢?这样的优化问题提出了一项根本性的计算挑战。假设我们要给一辆送货车规划路线,让它围着曼哈顿派送10个包裹。到达第一站有10种选择,第二站有9种,第三站有8种,依此类推。因此,一共存在 $10×9×8×7×6×5×4×3×2×1$ 即 3 628 800 条可能的路线。如果我们有20个包裹,可能的路线会超过100万的三次方(准确地说是 2 432 902 008 176 640 000)。如果我们有55个包裹,可能的路线比宇宙中的原子数还要多。为了解决这个问题,计算机是我们唯一的指望。智能算法能破解如此庞大的复杂性,从干草堆中找出最优化路线(或接近最优)这根针来。

在快速发展的数据分析领域,优化是机器学习不太出名,但又必不可少的表亲。我们使用机器学习在大数据中寻找信号。例如,我们可以根据过往采购情况的大规模数据库,识别客户最有可能购买的产品。但这个信号本身还不够,我们需要把它变成某种行为,这就是优化出力的地方——考虑到仓库的存储能力和可用的资金,我们每种产品应该预备多少库存?

优化扭转了许多企业的经营效率,把数据变成现金。在经济生活的各个领域,它都改善着运营。在某些情况下,它实现了利润最大化;在另一些地方,它最小化了环境影响。采矿调度、作物轮作、员工轮值、运输路线规划、资产组合平衡和保险定价,都有它的用武之地。和机器学习一样,你几乎想不出来还有哪个经济领域尚未以这样那样的形式应用优化。

推理问题通常有着若干在逻辑上等效的替代表示方法。"残缺棋盘问题"就是一个典型的例子。假设你有一块8格见方的标准国际象棋棋盘,相对的两个角各切掉了一格。你要用31块 $2×1$ 的多米诺骨牌来覆盖棋盘。你当然可以简单地把骨牌放在棋盘上,把所有可行的方式都试个遍,但是有一种表示方法能使得对这个进行推理变得容易。想一想残缺棋盘方格的颜色,移除的两个方格都是相同的颜色——比如说白色。故此,棋盘上现在有 32 个黑色方格和 30 个白色方格。这意味着，我们没法用两格相连的多米诺骨牌来覆盖它，因为骨牌必然要盖住一黑一白两格。良好的表示方法揭示了问题之解。

自动推理面临的第二项挑战是应对"组合爆炸"，也即可行解法的迅速增加。哪怕是用最优秀的算法，这些可行解法也必须逐一探讨。我们可以驯服这只野兽，但它永远不会消失。例如，智能算法不会探索卡车配送问题的所有排列组合，它们会跳过许多明显不合适的解。但就算是最优秀的算法仍然要探索许多接近最优的解，随着问题的规模越来越大，探索过程会很耗时间。

自动推理面临的第三项挑战是常识和定性推理。人类对世界怎样运作有着庞大的知识储备。松开一个球，在重力的作用下，它将加速朝地面落下去并且可能会反弹。但如果我们松开一枚鸡蛋，它很可能会摔裂。开发出能做出此类推论的系统，基本上仍是一个未解决的问题。我们从孩提时代起就在学习这类世界模型，但让机器完成这类任务的能力跟小孩子较个高下，我们还要走很长的路。

机器人的情况

机器人部落的进展，可能是预期中最缓慢的。就机器人而言，我们必须制造出能跟现实世界进行互动的机器。这些机器必须遵守物理规律，能应对自身重量和力量带来的限制，它们要跟一个自己只能部分了解、部分观察的世界交涉。这些机器如果犯了错误，就会造成物理上的损坏。在虚拟世界里，这一切要容易得多，因为我们什么都知道，每件东西都是精确的，我们不受物理规律的限制，我们破坏了东西可以很容易地替换。话虽这么说，机器人部落同样在取得切切实实的进展。

就说工业机器人吧。过去,它们要花数十万美元,并需要专门编程。但今天,用大约20 000美元就能买到一台相当好的工业机器人(如友好的Baxter[10]),并自行编程。就算中小型企业也可以考虑使用这样的机器人。20 000美元是一个有意义的价格点,它低于机器人可能要取代的工人的年薪。只要一年,公司就可以把投资赚回来。

随着机器人技术的这些进步,我们开始看到"黑暗工厂"——就是因为没有人力所以不需要照明的工厂。发那科(FANUC)是工业机器人最大的制造商之一,自2001年以来,它就在富士山附近运营着一家黑暗工厂。是的,制造机器人的机器人。未来就在这儿。过去5年,发那科将机器人销往中国等蓬勃发展的市场,年销售额约为60亿美元。

就算在有灯光的工厂里,机器人也越来越多地取代人。今天,如果你走进一家汽车制造厂,你会看到机器人做着焊接和喷漆工作,而且它们做得比我们人类好得多。仓库也正在快速自动化。每当你从亚马逊收到产品,都享受到了机器人的好处:该公司巨大的仓库里使用大量机器人搬运货物,执行你的订单。机器人在农场、矿山、港口,还有餐馆、酒店和商店,都找到了自己的位置。

机器人还出现在我们的公路上。自动驾驶的汽车、公交车和卡车正迅速地走出研究实验室进入销售展厅。它们大多嫁接了两种技术:高精度GPS和地图用于导航,视觉和雷达传感器用于辨识道路上的其他车辆和障碍物。现在的自动驾驶汽车只需要极少(甚至完全不需要)驾驶员干预,就能行驶在高速公路上了。然而,在城镇周围,自动驾驶仍然存在挑战。城市环境下要应对更多的意外因素:行人、十字路口、自行车、停放车辆、等等。要让自动驾驶汽车处理这些复杂情况,我们大概还需10年左右的时间。

今天,另有一个地方开始出现机器人的身影,那就是战场。事实上,在战争有可能展开的每座舞台——空中、陆地、海上、海底,军方都正开发和测试着机器人。自动化战争的军备竞赛已经上路了。五角大楼从眼下的预算中拨款180亿美元用于开发新型武器，其中许多都是无人操纵的自主武器。要逐一列举每种开发中的军用机器人，清单不免太长，所以，我从每座舞台里选出一种机器人来说明这方面的进展情况。

在空中，2013年以来，英国的BAE系统公司一直在研发自动无人机塔拉尼斯（Taranis），绰号"猛禽"。这种隐身无人机可以飞越海洋执行监视任务，识别并攻击空中或地面目标。在陆上，波士顿动力公司（Boston Dynamics）研发了一系列双脚和四脚机器人，能够在崎岖地形上行动，为士兵携带装备。YouTube上可看到有关这些机器人的视频，相当震撼。我曾说过，"终结者"离我们还有100年的距离。但紧接着，我看到了这些机器人的最新视频，人形机器人阿特拉斯（Atlas）在大雪覆盖的森林里行进。我现在会说，"终结者"的到来估计只有50年的时间了。波士顿动力公司的母公司谷歌似乎也认同，他们的座右铭从前是"不作恶"，最近则更新为"做正确的事"。本着两条座右铭的精神，在遭遇了一连串的不利新闻之后，2016年初，谷歌将波士顿动力公司卖掉了。（我将在后面的章节中回到这个话题，列举对此类军用机器人的支持和反对意见。）

还是在陆上，2006年，三星开发出了SGR-A1机器人哨兵。目前，这种机器人正在韩国和朝鲜边境的非军事区放哨。这一长达250千米的缓冲区充满了地雷、如剃刀般锋利的铁丝网，现在还有了可以杀人的机器人。三星的机器人可以识别任何踏上无人区的人，用它自带的5.56毫米机器人机枪（还有手榴弹发射器可选）瞄准并射杀目标。

在海上，2016年4月，美国海军推出了全世界最大的无人驾驶水面舰船，132英尺（约40.23米）长的"海上猎人"。这艘机器人军舰可以跨越海洋，搜捕采矿船和潜水艇，不需要直接的人力控制。在海下，2016年3月，波音公司推出了51英尺（约15.54米）的自动驾驶潜艇"回声航行者"，据说可"改变游戏局面"。它可以在方圆 12 000 千米的范围内,水下连续作业 6 个月。这足以让你从珍珠港一口气潜到东京再回来——不必浮上水面。毫无疑问,一场军备竞赛已上演。

2016 年 9 月,洛克希德·马丁公司(Lockheed Martin)测试了 S10 无人水面和水下航行器。该航行器使用太阳能、风力和电力,完全自给自足。航行器装载了"马林鱼"无人驾驶潜艇,"马林鱼"潜艇受 S10 航行器指挥,能发射自动驾驶的可折叠微型无人机"矢量鹰"。机器人开始互相合作了。

回到实验室,研究人员开始研发机器人,去执行大量人能轻松做到但从前认为机器无法做到的任务。今天的机器人可以跑动、抓球,折叠、熨烫衣物,这些任务听起来似乎很简单,但令人惊讶的是,我们常常发现,最简单的任务倒是最难于自动化的。

尽管实验室里取得了这些进展,但住宅很可能是机器人最后进入的一个地方。机器人仍然喜欢可预测的惯例常规,它们面对不确定性时处理得很艰难,这就是机器人首先接管工厂的原因,它们最适合在人类能够完全控制的环境里工作。机器人还要下一番苦功夫才能跟人类的灵巧和敏锐触觉相匹敌。

计算机视觉的情况

机器人需要传感器才能理解世界,而人类最重要的感官之一就是视觉。因此,计算机视觉是许多机器人的一个重要组成部分,它也是自动驾驶主车辆的关键。我们可以使用 GPS 和高精度地图进行导航,但是仍然需要感知道路上的其他车辆和障碍物。

我们在让机器视物方面取得了很大进展,这些进展有很大一部分同样来自深度学习的进步。视觉可以分解成大量通用任务,如物体识别、运动分析和姿态（位置和方向）估计，以及更专业的任务，如光学字符识别、场景标注和面部识别。

每年，计算机科学家们都会举办"大规模视觉识别挑战赛"（Large Scale Visual Recognition Challenge），衡量计算机视觉领域的进展。近年来，在深度学习的推动下，计算机的表现大幅提升。比赛以 ImageNet 数据库为基础，该数据库包含了数百万张照片，标记为数千个对象类，包括波斯猫[11]、火烈鸟、蘑菇和独木舟。在 2010 年的初次比赛中，获胜程序（来自 NEC 实验室）的错误率[12]是 28.2%。到 2015 年，获胜作品（来自北京微软研究实验室）的错误率只有 3.57%。事实上，技术巨头之间的竞争太激烈了，百度为了获胜居然违背了比赛规则，受到禁赛一年的处罚。不过，计算机跟人类水平还存在一定差距，Top-1 错误率（衡量的是最疑似标签不正确的图片比例）仍然在 20% 左右。

这类物体识别技术已经变得足够主流，各类应用软件都能够自动识别物体了。诺基亚的"拍立寻"（Point and Find）程序能自动识别建筑物、电影海报和各类产品。另一款应用程序"谷歌眼镜"（译注：原文为"Google Goggles"，这是一款手机拍照识别程序，真正能佩戴的"谷歌眼镜"对应的英文是"Google Glass"）能识别出纽约大都会艺术博物馆的 76 000 件不同艺术作品。此外，微软的"必应影像"（Bing Vision）可以识别书籍、CD 和 DVD（但这款软件现在已经停止开发了）。

面部识别是计算机视觉中的一个专业领域，进展也不错。面部识别软件目前对正面图像的效果很好，但要是你转向侧脸，它就变得纠结了。光线欠佳，戴着太阳镜，留着长发甚至露出微笑，也可能对它提出挑战。不管怎么说，根据标准的"户外面部检测"数据库（内有收集自网络的 13 000 张图像），诸如谷歌 FaceNet 等最先进的系统可达到 99% 以上的准确率，这对"老大哥"来说可能就够好了。还是那句话，深度学习在达到如此水平的准确性上发挥了重要作用。

光学字符识别（Optical character recognition，OCR）是人工智能不为人所知的另一个例子。OCR 识别的第一项专利可追溯到 1929 年，到 20 世纪 50 年代，OCR 机器首次出现在商业领域。今天，你购买的任何多功能打印机都会为扫描仪捆绑某款不错的 OCR 软件。OCR 基本上是一个已得到解决的问题。对于拉丁印刷字母，OCR 识别准确率高于 99%；手写字母识别准确率在 80% 左右，但由于我们越来越少用到手写，这个问题似乎已经消失了！

计算机视觉还对"仿生眼"等项目作出了贡献。植入式耳蜗和成熟的信号处理，为许多失聪人士带去了听力。美国、澳大利亚和欧洲目前正展开一场类似的竞赛，为那些部分甚至完全失明的人士带去视力。目标是将电极植入受损的视网膜。在为电极准备信号、让大脑聚焦在图像重要部分方面，计算机视觉算法扮演了重要角色。

尽管如此，计算机视觉还需要一定的时间，才能承担比物体识别更为复杂的任务。例如，让计算机不光理解单个对象，更要理解整个场景，以及物体与物体之间的关系，这仍然是个相当重大的挑战。为一群女士端饮料上来的服务员，打翻了一杯水。预测接下来会发生什么，对计算机来说仍是挑战。跌落的玻璃杯砸在石头地板上会碎裂，以及不利的照明、恶劣的天气条件、低分辨率的图像和棘手的摄像头角度，都会让如今的计算机视觉系统难于应付。

自然语言处理的情况

第四支也是最后一支人工智能部落是语言学家。他们试图让计算机解析、理解并使用自然语言。自然语言处理可以分解为一些相互关联的任务，如回答问题、机器翻译、文本摘要和语音识别。

回答问题是自然语言处理研究中最古老的一个难题,它本身可以分解成一些子问题,例如基于文本的问答和基于知识的问答。简单的文本问答中,我们只希望从文本中检索出正确的答案。故事的主人公是谁?故事发生在什么地方?而在基于知识的问答中,我们通常希望从结构化数据库中提取更多的语义信息。哪些国家与中国存在陆上边界?猫王去世时,美国总统是哪一位?待回答的问题还可以按另一些维度进行分解(如是开放式问答还是封闭式问答)。

文本检索大会(Text REtrieval Conference,简称 TREC,自 1992 年以来每年举办)等大量比赛对问答系统的表现加以评估。许多针对此类竞赛开发的系统,如谷歌、必应等商业搜索引擎已将之用于回答查询。如果以返回事实或列表为目标,最先进的问答系统可以回答正确率在 70% 以上的简单问题。对于封闭式问题的回答,早在 20 世纪 70 年代初,问答系统的成绩就颇为可观了。例如,1971 年在休斯敦举办的第二届农历年科学大会上,对地质学家们提出的有关"阿波罗号"所收集的月球岩石的问题,LUNAR 系统答对了 78%。[13]LUNAR 回答了以下这类问题:"高碱性岩石中铝的平均浓度是多少?" 对开放式问答,IBM 的沃森(前文介绍过)代表了当前技术最前沿的水平。

机器翻译是自然语言处理的另一个问题,它在过去几十年中取得了良好的进展。经历了 20 世纪 60 年代和 70 年代的失望之后,到 20 世纪 80 年代至 90 年代,部分因为全球互联网络的发展,人们再次对机器翻译产生了兴趣。今天,诸如谷歌翻译等系统表明,如果两种语言的血缘关系亲近,那么,机器翻译在句这一级别的准确度是可以接受的。举例来说,谷歌翻译对法语和英语之间的互译挺不错。如果两种语言的关系疏远(如中文和英文),或是我们想翻译一整段话,那么机器翻译还有颇长的道路要走。不过,就算是在句的层面，谷歌翻译仍然会犯一些低级错误。

谷歌的误译

输入：L'auto est'a ma soeur。

输出：The car is to my sister.（这辆车是我妹妹。）

正确译文：The car belongs to my sister.（这辆车属于我妹妹。）

输入：They were pregnant.（她们怀孕了。）

输出：Ils étaient enceintes.

正确译文：Elles étaient enceintes.

（译注：此处是为了表现谷歌翻译在英法互译之间犯下的低级错误，故此未作翻译。）

输入：Mais ça n'a l'air très amusant.

输出：But it does sound very funny.（但听起来的确很好笑。）

正确译文：But it doesn't sound very funny.（但听起来并不怎么好笑。）

输入：La copine de le pilot mange son diner.

输出：The girlfriend of the pilot eats his dinner.（飞行员的女朋友吃了他的饭。）

正确译文：The girlfriend of the pilot eats her dinner.（飞行员的女朋友在吃饭。）

为把这些句子翻译正确，需要对语义有着深刻的理解。你必须明白一般只有女性会怀孕；你必须理解成语；你必须能够执行复杂的代名词指涉解析，使用常识和其他形式的推理，弄清特定的代词到底指的是谁。虽然要计算机系统跟人类做得一样出色，我们大概还有许多年甚至数十年的路要走，但机器翻译现在的表现，对许多应用程序来说已经足够了。

最后，语音识别是人工智能进展极其顺利，已经开始逐渐从人们的视野里消失的又一个领域。对着设备说话，它还能理解我们——我们很快就会把这认为是理所当然的事情。近年来取得的许多成果，深度学习仍然是背后的推手。例如，百度的"深度语音2"（Deep Speech 2）系统在转录口头英语或普通话时，速度和准确性堪与人类竞争；相比过去大得多的训练库，其性能提升非常明显。"深度语音2"接受了数万小时标注口语训练。不过，最叫人啧啧称奇的地方或许是，此类系统在语义上并不理解转录的文本，它们的运作建立在纯粹的句法层面上。

尽管取得了上述进展，在一些最基础的领域，自然语言处理仍然面临着挑战。首先，一旦超出句的层面，系统理解语音和语言就很困难了。在翻译整段文字或转录长篇口语段落方面，机器的改进空间还很大。第二，自然语言处理在语义上仍然很纠结，也就是说，还难以真正地理解意义。"the bolt hit the ground, and the tree caught fire"（"闪电击中地面，树着了火"）和"the bolt hit the ground, and the mast collapsed"（"螺栓落到地上，桅杆倒了"）这两句话，你必须依靠意义才能区分。前一个"bolt"是闪电，后一个"bolt"是螺栓。

人工智能和游戏

现在我想转到上面四个部落都着力研究的一些有趣问题上。一直以来，游戏都是热门的人工智能测试场，这应该并不会叫人太吃惊。游戏有着准确的规则，有一清二楚的获胜方，故此是进行自动化的好选择。[14] 游戏的每一步，各方玩家都需要在若干可能的行动中作出选择。要判断什么时候谁赢了，哪些行动对此次成功作出了贡献，大多是很容易的。此外，通过游戏，我们也训练计算机，叫它自己跟自己多玩。

要对现实世界采取行动，往往没这么容易。很多情况下，我们要做什么，并没有准确的规则。在任意时间点上，可以采取的行动都有很多，甚至无限多，要确定选定行为是好是坏，可能非常困难。此外，收集大量训练数据更是难上加难。

故此，游戏为开发能思考的机器提供了一个简单的理想化世界，游戏领域要量化进度也很容易。如今，有几种游戏，机器的表现明显优于人类。每当有人告诉我，计算机只能按编好的程序去做，我就喜欢举出6款游戏的例子，计算机在这些游戏上已经拿下了世界冠军。在大多数情况下，这些世界冠军级的计算机程序学会了如何比我们玩得更出色。

黑白棋

黑白棋（Othello，有时也叫 Reversi，中文也叫奥赛罗棋、翻转棋）是一款八格棋盘的双人游戏。玩家轮流在棋盘上放置彩色棋子，同时，在双方棋子之间，可翻转对手的任何棋子。1997年，计算机程序 Logistello 毫无争议地以6∶0的成绩，击败了世界冠军村上健。Logistello 玩了数十万次游戏，来完善自己的能力。自此以后，黑白棋程序一直在进步，如今比任何人类玩家都玩得更好。在较小的棋盘上（如4×4或6×6），计算机能算出完美的落子，此时，持白棋后落子的玩家必将赢得游戏。而如果是在8×8的棋盘上，如果双方玩家都下得完美无误，则游戏可以平局结束（虽然这一点尚未得到正式的证明）。

四子棋

四子棋（Connect 4，也叫"屏风四子棋"）是一款垂直版的"画圈打叉"游戏，棋盘为6行7列。两名玩家轮流将彩色棋子落在纵列上，争取在水平、竖直或斜向上连续排出 4 颗棋子来。1988 年，维克多·艾里斯（Victor Allis）写了一款人工智能程序，能下出完美的四子棋来。这款程序永远不会输，它会逼得你进入平局，如果你犯了足够多的错误，它会击败你。从数学上来说，你没法击败这款程序。[15]

国际象棋

从一开始，人工智能领域就认为国际象棋是个有趣的检验平台。1948 年前后，艾伦·图灵写出了有可能是第一款的国际象棋程序。因为当时还没有能运行该程序的计算机，他用铅笔和纸张来运行。计算每一步的下法，他会用上半个小时。这款程序叫"增压夺冠"（Turbochamp），可惜它辜负了自己的名字，第一场比赛就输掉了。尽管如此，它包含的许多设想，在今天许多更成熟的象棋程序中仍能找到。

如前所述，1997 年，世界象棋冠军加里·卡斯帕罗夫输给了 IBM 的"深蓝"计算机程序，这是一个重要的里程碑。这是"深蓝"最后一次打比赛[16]，如今个人计算机上运行的象棋程序也能下得远超最佳人类棋手。2006 年，从卡斯帕罗夫手里拿下世界冠军头衔的弗拉基米尔·克拉姆尼克（Vladimir Kramnik），以两胜四负的成绩，败给了标准个人计算机上运行的"深弗里茨"（Deep Fritz）程序。有趣的是，"深弗里茨"这类计算机象棋程序改变了象棋本身，提高了我们对这种游戏的理解，成了了不起的教育工具。专业棋手和业余爱好者都从象棋程序中受益，他们借助象棋程序学习新棋局，分析旧棋局。用国际象棋来说明思考机器怎样提升人类而非取代人类，是个很好的例子。

因为如今有了更好的算法，哪怕是相当小的象棋程序，如今也能下得很有竞争力。2009 年，"口袋弗里茨 4 号"（Pocket Fritz 4）在阿根廷布宜诺斯艾利斯举办的"南方共同市场杯"大师巡回赛上胜出，成绩是九胜一负。

"口袋弗里茨4号"的评分比加里·卡斯帕罗夫还要高,更叫人惊讶的是,它是在 HTC Touch 智能手机上运行的。

虽然"深蓝"的名字里同样有个"深"字,但它其实并未使用深度学习。"深蓝"里的这个"深",指的是探索远超人类所能达到的深度。

和 AlphaGo 等程序相比,"深蓝"还有一点容易叫人糊涂的地方,那就是有人暗示它并未使用机器学习。AlphaGo 项目负责人杰米斯·哈萨比斯就曾说:

"深蓝"是一套手工制作的程序,程序员们将来自国际象棋大师的信息转化成具体的规则和启发式,而我们则赋予了 AlphaGo 学习的能力,接着,它就像人那样,通过实践和研究学习。[17]

这误解了"深蓝"。没错,"深蓝"有着大量的手工特点,也通过开局和收官棋谱的形式获得了象棋大师提供的知识。

然而,机器学习在深蓝的发展中扮演了至关重要的角色。它的评估功能(也即判断哪一方获胜)有着许多不确定参数。例如,它不是按照编程来权衡是选择"王"到安全位置,还是占据棋盘中央空间优势,这些参数的优化值是靠机器学习根据数千盘大师比赛来确定的。

AlphaGo 同样有着大量手工特点,比如"气"(跟棋子相邻的空交叉点)、"征子"(Z字形移动)、"点眼"(把棋子下到被围起来的区域)。这些都不是机器靠学习得来,而是靠人类的编程。此外,AlphaGo 是根据人类过往所下大量棋局的数据库来训练的。所以 AlphaGo 和"深蓝"都使用了机器学习,只不过 AlphaGo 比"深蓝"学得更多。AlphaGo 和"深蓝"都包含了对各自游戏的手工知识,只是 AlphaGo 的手工知识比"深蓝"要少。

第二部分 人工智能的现状

跳 棋

跳棋通常是用 8×8 的棋盘来下,并靠对角线移动来捕获黑白棋子。1996 年,阿尔伯塔大学乔纳森·谢弗(Jonathan Shaeffer)领导的一支团队编写了程序"奇努克"(Chinook),击败了人类大师唐·拉弗蒂(Don Lafferty),赢得了世界人机挑战锦标赛的冠军。"奇努克"获胜略有争议的地方在于,此事出在跟公认最伟大的跳棋棋手马里恩·廷斯利(Marion Tinsley)交手之后没多久。廷斯利从来没有在世界冠军赛里输过一轮,他 45 年的职业生涯里也只输了 7 场比赛,其中两局便是对战奇努克。在双方的最后一场比赛中,廷斯利和奇努克以平局结束,但这是因为廷斯利健康不佳被迫退赛,没过多久就去世了。很遗憾,我们永远无法知道最终会是奇努克赢,还是打成平手。但不管怎么说,阿尔伯塔大学的一支团队如今有了能下完美跳棋的程序,他们淋漓尽致地表明,他们的程序永远也没人能打败。淋漓尽致这个词用得恰如其分:200 多台计算机要用上几年时间才能探索完所有可能的棋局。

围 棋

如我们所见,2016 年 3 月,AlphaGo 以四胜一负的成绩击败了韩国棋手李世石,机器首次战胜了人。(译注:在本书翻译期间,2017 年 5 月,AlphaGo 又以三连胜的成绩战胜了世界排名第一的中国棋手柯洁。)AlphaGo 出现之前,最成功的计算机围棋程序是雷米·库隆(Remi Coulom)所写的"狂石"(CrazyStone)。"狂石"击败过好几名职业围棋手——但只有人类棋手在让先 4 子甚至更多的时候才行。库隆也是蒙特卡罗树搜索的发明者,这种搜索策略是 AlphaGo 成功的一大关键因素。2014 年 3 月,库隆预测,计算机要战胜职业棋手还得再用 10 年。实际上,时间只过去了 24 个月,AlphaGo 就击败了全世界最优秀的棋手之一。(为了对库隆表示公平,他做预测时还说了一句话:"我不喜欢做预测。")

比较 AlphaGo 与"深蓝"颇为有趣。"深蓝"使用专用硬件,每秒探索大约 2 亿个位置。相比之下,AlphaGo 每秒只能评估 6 万个位置。"深蓝"使用暴力运算来找到好棋着,但这并不太适合围棋这一更复杂的游戏。相比之下,AlphaGo 有着更强的位置评估能力,这种能力是靠着自我对弈数十亿盘学习而来。

现代国际象棋程序探索的棋着位置,远比"深蓝"时代的程序要少。"深弗里茨"每秒探索 800 万个位置。手机上运行且评分比卡斯帕罗夫还高的"口袋弗里茨 4 号"[18],每秒只探索两万个位置,这甚至比 AlphaGo 还要少。这些程序接受的训练,已经能让它们更好地评估棋盘位置。故此,它们不需要像"深蓝"那样提前搜索那么多位置。因为能够更好地评估棋面局势,我们在围棋和国际象棋上的表现都更好了。

扑 克

扑克提出了国际象棋和围棋等游戏中找不到的一些有趣挑战。一个挑战是,它是一场不完美的信息博弈。对象棋和围棋而言,你可以看到棋盘,能准确地知道游戏的状态。但在像扑克这样的游戏里,有些牌是藏起来的,这就使它成了一场概率博弈。另一个挑战是,扑克也是一种心理学游戏,你必须理解对手的策略。比方说,他们可能会虚张声势(bluffing)。

尽管存在这些挑战,计算机现在仍非常擅长打扑克。2015 年,一款名叫"Cepheus"的 bot(译注:这是 robot 的简称,但并非有实体的机器人,更类似智能程序)已经基本解决了流行的两人对战扑克游戏:一对一德州扑克。考虑到扑克中概率所扮演的角色,要想每手都赢钱不可能。有时候你就是运气不好,拿到的牌差。但如果你着眼于所有可能打出来的牌,并做个平均,那么,"Cepheus"是能赢的,而且长期而言还能打破平均成绩。

人类仍然略微领先,尤其是在更具挑战性的不限人数的牌戏里。2015年,在匹兹堡里弗斯赌场举办的为期两周的"大脑与人工智能"竞赛里,人类以小幅优势胜出。考虑到4名人类玩家都是顶尖牌手(其中还包括世界排名第一的牌手),我敢押注打赌,机器很快就会超过人类。

拼字游戏

2006年,在多伦多举办的一场人机对战中,计算机程序"Quackle"击败了前世界冠军大卫·鲍伊斯(David Boys)。鲍伊斯相当不客气地说,输给机器总好过做一台机器。当然,计算机极为擅长找到能得最高分的单词,它们可以机械式地快速搜索整部字典。然而,拼字游戏还需要善用拼字板,利用特殊方格将分数翻倍甚至翻三倍,并利用整个拼字板交叉得分。此外,玩家还需要预测哪些字母还没抽出来,打好收官战。因此,把拼字游戏玩得很好,不仅仅要求能在字典里找到能得最高分的单词。

魔 方

标准的三阶魔方能出现差不多 43×10^{18} 种朝向。10 的 18 次方,就是一个"1",后头跟着 18 个零。老实说,我们可以很精确地说出魔方的复杂性,魔方可以出现 43 252 003 274 489 856 000 种朝向。考虑到只有"全知万能的存在"才知道任意一步移动的最优举措,凡是能最优化解决魔方的算法,都叫作"上帝算法"。类似的,"上帝之数"指的是解开魔方所需的最优转动次数。我的同事理查德·科夫(Richard Korf)用计算机做了大量暴力运算,证明"上帝之数"仅为 20 步。[19] 实际上,大多数魔方只需转动 18 次就能解开了。

早在1997年,科夫的计算机平均每 4 个星期就找到一个特定问题的最佳解法。20 年后,我们不到 1 秒就能解开相同的问题。事实上,2017 年 11 月,英飞凌科技公司（Infineon）用 0.637 秒解开了魔方，创下世界纪录，超过了他们自己此前的纪录 0.887 秒。摄像机把魔方拍摄下来，了解魔方各个方格的混乱情况，接着，他们就计算出了将魔方还原的最快解决方案。此后，由机器人执行这些动作。所有这一切，半秒多一点的时间就完成了，比人类世界纪录快了 10 倍。2015 年 11 月，来自肯塔基州的 14 岁少年卢卡斯·埃特尔（Lucas Etter）成为第一个打破 5 秒屏障的人，耗时 4.904 秒。

机器人足球

世界各地的数百研究人员正在研发可以踢足球的机器人。这似乎是一个奇怪"进球"，不过，它具备许多特点，成了一项有趣的挑战——需要速度、力量、敏捷和协调性，以及策略性的踢球。此外，它很能调动年轻人对机器人产生兴趣。

一年一度的机器人足球淘汰锦标赛——"机器人世界杯"，自 1997 年以来举办至今。该比赛吸引了 400 支不同队伍的 3000 多名参赛者，还带动了一些相关的活动，比如高中生"小机器人世界杯"以及"机器人救援世界杯"（开发能够在地震或类似灾害中出力帮忙的机器人）。

机器人要在若干不同的联赛中踢球。蓝带赛事是标准平台联赛，每支队伍都有一台相同的机器人。机器人根据软件来区分，有可能是最优秀的程序获胜。标准平台联赛从 1999 年开始使用索尼制造的可爱机器狗 AIBO 开赛，等索尼的这款机器狗停产之后，2008 年，联赛又转为使用 58 厘米的人形机器人 Nao。

"机器人世界杯"的总体目标是，到 2050 年，在表演赛里击败人类世界冠军队。未来要走的路还长：哪怕是一支 6 岁孩子组成的队伍，也能毫不费力地击败如今最优秀的机器人足球队。不过，机器人的成绩每年都在进步。每场比赛结束的时候，参赛者必须分享他们的代码，让所有人都能从获胜方所展现的进步中受益。

与人类足球一样，保持领先的仍然是来自德国的球队。在每年举办的机器人世界杯比赛上，德国队赢得了 8 次标准平台联赛。澳大利亚队是颇有实力的竞争者，赢过 7 次。我有幸在一家为这一成功贡献良多的机构里工作。新南威尔士大学赢过 5 次，更是在 2014 年、2015 年连续夺冠。听到 BBC 广播四台（BBC Radio 4）体育节目播报这个消息的那一刻，我意识到：机器人世界杯打进主流了。

我对人工智能各个领域的进展情况就讨论到这里。我已经谈过机器在各种任务上的表现，比如下象棋、在两种语言中翻译转换、识别物体等。这些都是我们认为"智能"应该做到的任务。现在，我要谈一谈有哪些具体的限制，可能影响到未来思考机器的发展。

第四章 人工智能的局限性

过去有进步，并不能保证将来必然会进步。我们开发思考机器的梦想，会不会碰到什么限制使其无法实现呢？让我们来看一些试图解释为什么可能永远制造不出思考机器的实践及理论观点。很多机器我们都希望拥有，但在工程上是没可能实现的。时间机器能带我们回到过去，永动机能永远运行。说不定，思考机器也属于同一范畴：很值得拥有，只可惜没这个可能。

其他许多领域也曾碰到过来自理论和实践上的根本性限制。比方说，数学就包含了许多不可能。你不能化圆为方（译注：即给出一个圆形，要求画出一个面积跟它完全一样的正方形）。此外，你大概还记得，不是所有的数学运算都能写出逻辑公式。在物理学上，按照爱因斯坦的理论，不存在比光速更快的速度。时间旅行在实践层面上也几乎不可能，从而避免了"意外杀死自己祖父"这一类的逻辑困境。兴许，制造思考机器的雄心壮志，也会被扼杀在类似的实践或理论限制之下呢？

在考察各种可能存在的限制之前，我们不妨先对自己期望达到的终点做个更谨慎的定义。接下来，我们就可以想想看，是否存在什么东西妨碍我们达到这一点。

强人工智能

人工智能的可能终点之一是，在一项需要智力的具体任务上，制造出一台等于或超过我们能力的机器。这有时被称为弱人工智能。我们已经在许多专业领域达到了这个终点。举例来说，在下国际象棋、展开空对空作战[1]、猜测照片位置[2]、诊断肺部疾病[3]等方面，计算机跟人类做得同样出色，有时甚至更为出色。

除此之外就是强人工智能。这个概念，来自哲学家约翰·希尔勒（John Searle），他曾对人工智能提出过最具雄辩、最响亮的批评。[4]强人工智能指的是，思考机器最终将成为思维，或至少具备思维的所有特征，如意识等。另一些与强人工智能相关的人类特征，包括自我意识、知觉、情绪和道德。希尔勒用"中文房间"介绍了强人工智能的设想，这是一个旨在暴露人工智能限制性的著名思想实验。[5]

中文房间实验有点儿是图灵测试。假设说，我们把希尔勒关在一间屋子里。出于实验的目的，我们必须知道希尔勒不懂中文，既不会说，也不会写。但房间里有一大堆书，书中用英文说明了中文符号的操作规则。你把写有中文问题的纸条递进屋子。希尔勒按照书中介绍的规则，在另一张纸上写出了问题的答案，并传到门外。现在，假设写下这些问题的中国人分辨不出这些答案到底是来自希尔勒，还是来自某个真正懂得中文的人。那么，希尔勒就问：谁懂中文呢？显然不是他。当然也不是屋子，也不是书籍——它们是无生命的物体。在这种情况下，希尔勒所扮演的角色，就是一台解答中文问题的计算机。故此，我们不能说通过了这种测试的计算机真正理解中文，而理解中文，是对强人工智能的要求。

自此以后，哲学家、认知科学家和人工智能研究人员对希尔勒中文房间实验展开了激烈的讨论。2004年，有人称，"中文房间辩论，或许是过去25年以来认知科学界讨论得最为广泛的哲学问题了"。[6]值得强调的是，人工智能领域的大多数研究都是以弱人工智能为重点的。老实说，我怀疑这个领域里只有极少数的研究人员相信我们最终能实现强人工智能，而且，我们并不需要强人工智能就能享受到思考机器带来的几乎所有的好处。我们只需要能跟人类做得同样出色的机器就够了，这样的机器其实并不拥有思维。事实上，如果它们没有思维，我们也就躲开了大量的伦理问题，比方说它们自身是否拥有权利，我们有没有权利关掉它们。

因此，对许多在这个领域工作的人来说，希尔勒的中文房间辩论有点儿无关痛痒。实际上，艾伦·图灵提前20多年就预见到了希尔勒式的批评。引入图灵测试，正是为了反驳希尔勒提出的这类论点。

还有其他许多人也对希尔勒的观点作出了回答。一种回答是，从整体上看，该系统可以说是懂中文的。还有一种回答是，这个观点不切题，因为它无法检验，没有实验能区分出系统有思维还是没思维。第三种回答是，中文房间本身不可能存在，因为符号必须对应现实的根基。比方说，只有机器人在实体上把符号跟现实世界中的物体联系起来，这才为符号提供了意义。不管怎么说，希尔勒的"中文房间"固然提供了有趣的视角，但对制造思考机器而言，恐怕算不上一个恼人的限制。

通用人工智能

比强人工智能稍微不那么极端的终点是通用人工智能（Artificial General Intelligence，简称AGI）。这一目标指的是，制造出来的思考机器有能力解决人类能解决的任何问题，甚至超过人类的水平。我再强调一遍，开发思考机器的绝大多数研究都集中在弱人工智能（制造出可以解决具体问题的机器）而非通用人工智能（制造出能解决任何问题的机器）上。[7] 人工智能领域里只有极少数研究人员专注于通用人工智能。通用人工智能有时和强人工智能同义使用，但两者有一个很大的区别。通用人工智能并不一定是拥有思维、具备意识，以及跟思维相关所有一切的思考机器。通用人工智能通常跟超级智能（或者远超人类的智能）的概念同义使用，但真正的通用人工智能其实只是通往超级智能之路上的一步而已。

尼克·波斯特洛姆将超级智能定义为"在几乎每个领域都比最优秀的人类大脑聪明得多,包括科学创造力、一般智慧和社会技能"。[8]人们常常把通用人工智能和超级智能弄混,原因之一在于,许多人相信,从通用人工智能跃进到超级智能的速度会非常之快。一旦我们实现了通用人工智能,机器就可以自我改进了。因此,在通用人工智能实现后不久,我们将迅速获得超级智能。我们很快会讨论到技术奇点的概念,到时候,我们再转回来深入地聊一聊。

所以,制造思考机器有几个不同的终点。按照能力的逐级提升,我们会拥有弱人工智能、通用人工智能、超级智能和强人工智能。在探讨不利于思考机器的论据时,有必要把这几个不同的终点记下来。举个例子,反对意识机器的观点,有可能阻止我们实现强人工智能,但并不会阻止弱人工智能甚至通用人工智能。

反对人工智能的观点

能思考的机器是个很刺激的设想。它们威胁着要篡夺大部分据说只属于人类的东西。不足为奇,对制造思考机器这一久远的梦想,人们提出了许多反对的观点。事实上,1950年图灵就预见到了这一点:在《心智》杂志所刊登的开创性论文里,他就讨论了不少此类观点,并一一作了批驳。

图灵讨论过的反人工智能论证之一是无资格说。人们说,计算机或许可以在某些方面采取智能行为,但它们永远不能做出新东西来,它们永远不犯错,它们永远不会坠入爱河,它们永远无法从经验中学习,它们永远没有幽默感,它们永远不会喜欢草莓和奶油。这份清单可以无穷无尽地列下去,但遗憾的是,一如图灵所说,对这些观点,人们很少能拿出支持的证据来。大多数时候，人从没见过做此类任务的机器。

一些具体的观点很容易反驳。计算机做出新东西的案例很多。在围棋里拿出了新的开局招数，发明了一种新的数字类型，写出了一段新的故事。计算机从经验里学习也有很多例子。AlphaGo自己跟自己对弈，学会了下围棋；亚马逊从你和他人过去的互动里学习向你推荐产品；谷歌翻译研究了数百万的例子，学习怎样翻译句子。说到计算机从来不犯错，任何调试过复杂程序的人都会强烈反对。

图灵还提出了一个相关的论点，也即从数学上反对说，计算机能够用数学证明的事情是有着逻辑限制的。这一反对意见存在的一个问题在于，人类是否存在自身的数学限制，目前尚不完全清楚。你大概认识不少非常聪明的人，学起数学来却一头雾水。这一点姑且不论，就算计算机不能证明所有的数学真理，仍然能够证明许多数学陈述。没错，有一些数学定理只有计算机"证明"过，最著名的是四色定理。该定理提出，任何平面地图最多只需要四种不同的颜色就可完全分隔开来。我们现在找到的唯一证据，就是彻底试尽数百近千种可能存在的着色反例，这样的任务，只有计算机才能不犯错地完成。

机器能拥有创造力吗

反对人工智能的、最受欢迎的观点之一来自洛夫莱斯伯爵夫人，即认为计算机没有创造力。针对这一点，回应很多。一是计算机已经创作很多次了，它写诗、作曲、绘画。事实上，电子计算机发明100年前，机器就开始写诗了。孤僻的发明家约翰·克拉克（John Clark）用了15年时间，制造了"尤里卡"（Eureka），这是一台可生成拉丁文六步格诗的机器。[9] 1845年，"尤里卡"在伦敦皮卡迪利做了首演，事实证明，它大受欢迎，因为靠着每人一先令的入场费,克拉克竟然就舒舒服服地过上了退休生活。这台机器要上发条,每当作出一句拉丁语韵文,它就爱国地演奏国歌。"尤里卡"包含了86个轮子,轮子带动一大堆"汽缸、曲柄、螺旋齿轮、拉杆、杠杆、弹簧、棘轮、四分仪、牵引器、轴心轮、偏心轮和星轮"。一番转动,它会生成一条韵文(可能出现的韵文总数是2600万条)。为穷尽数量庞大韵文组合,它要花上一辈子;这里有一条例句: Martia castra foris praenarrant 的 proelia multa。意思是:军队预见到,未来还有许多场战斗。

计算机如今做得可要好多了。这是雷·库兹韦尔所写"控制论诗人"(Cybernetic Poet)程序最近所作的一段俳句:

疯狂的月之子
躲开了你的棺木
跟厄运对抗

2011年,全世界最古老的由学生运营的文学期刊之一,杜克大学的《文献》(Archive),发表了一首短诗,名叫《献给狐尾松的残桩》(For the Bristlecone Snag)。

一道闪电改变了家园
坑坑洼洼,点缀在了一颗星球——地球——的无边大地上。
它们,用机械的号角攻击它
因为它们爱你,火与风般浓烈的爱。
你说,它什么时候会发芽呢?
我告诉你,要等到你的枝丫飘扬起来
因为你是闻起来甜丝丝的钻石形结构

却不知道它怎么会长成了这样。

编辑们不知道的是，这首诗是计算机写的。所以，撰写这一程序的发明家扎查瑞·斯库（Zachary Scholl）认为，他的程序已经在诗歌方面通过了图灵测试。不过，反驳这一说法的理由，和反驳聊天机器人尤金·古斯特曼通过了图灵测试的理由一样。学生写诗，本来可能就水平不佳，比如这首诗就有好几个叫人尴尬的地方。斯库提交了26首诗，对应26个英文字母。这首诗是唯一通过了编辑审阅的。故此，该程序96%的产出都并未通过图灵测试。再说，也没有人要求编辑们明确区分诗歌是计算机生成，还是人写出来的。不过，不管怎么说，说计算机永远写不了诗，已经越来越困难了。

对洛夫莱斯伯爵夫人反对意见的另一回应是，人类跟计算机都受到相同的确定论定律限制。如果人类能带给我们惊喜，计算机或许也可以。事实上，从事人工智能研究工作的回报之一就是，当我们的创造物做出一些出人意料的事情，那醍醐灌顶的"我找到啦（aha）"瞬间。我还记得，自己第一次碰到此种情况时的惊讶和兴奋。那是1988年，我的程序推导出了一条数学定理的证明，我原以为这事远远超过了它的性能。对我带的本科生来说，推导也颇具挑战性。对此，我大受震动。

对洛夫莱斯伯爵夫人反对意见的第三种回应是，机器学习有可能是任何智能机器的重要组成部分，因此，这机器会以我们没料到的方式行事。程序与周围环境之间复杂的互动，有可能带来创造力。

"难题"

反对思考机器（尤其是反对强人工智能）存在可能性还有一个强有力的观点是，机器永远不会拥有意识。这一反对意见是希尔勒"中文房间"观点的核心。1951 年，在曼彻斯特大学举办的李斯特讲演大会上，英国脑外科医生杰弗里·杰弗逊（Geoffrey Jefferson）雄辩地提出了这一观点：

> 除非机器能出于自己所感受的思想和情绪来写诗作曲，而不是靠着符号的随机落下，否则我们没法认同机器跟大脑相同。也就是说，机器不光要能写出诗来，更要知道这就是自己所写的东西。没有机器会感觉（不光是人为的信号，这在设计上很容易实现）自己成功带来的愉悦，为自己保险丝烧熔感到悲伤，因为好听话暖了心窝，为自己犯错而懊恼，受到性的诱惑，得不到想要的东西时勃然大怒或闷闷不乐。

在考虑这一论点时，我们首先要抛开唯我论式的恐惧：只有人的意识确定存在（译注：此说法是"我思故我在"的另一种阐述）。有一种可能性，我们不得不面对：意识说不定是一种突现特征，它可以在任何足够复杂的系统里演化，哪怕该系统是硅构成的。此外，意识本来就是生物系统里一个难以解释的问题。事实上，哲学家大卫·查尔默斯（David Chalmers）就称之为"难题"（the hard prollem）。[10]

意识是心智科学里最令人困惑的问题。意识体验我们再熟悉不过了，可要解释它也再困难不过了。近年来，人们已经对各种各样的精神现象进行了科学观察，但意识仍然顽强地抵挡着来自人的探索努力。许多人试图解释它，但解释似乎总是打不着靶子。有人甚至认为这个问题太棘手了，给不出好的解释。

我希望，通过制造思考机器，我们有一天能得出这个"难题"的部分解答。没准，到了某个时候，它们自己就冒出了意识？又或者，我们可以制造出能思考但本身并未发展出任何意识形式的机器？我们可能更喜欢未曾获得意识的机器。一旦机器有了意识,我们恐怕就对它们产生了道德义务。把它们关掉合理吗?它们是否在受苦?

无论如何,由于我们今天对意识的认识还太少,还说不清它是否一定是制造思考机器之梦的限制。

缄默限制

制造思考机器的另一限制乍看起来是矛盾的,它跟我们的无意识思维相关。在开创性作品《默会维度》(*The Tacit Dimension*)里,迈克尔·波兰尼(Michael Polanyi)一开始就做出了这样的观察:

> 我们所知的,超出了我们自己的判断……潜水员的技能,不能用一套彻底的汽车理论知识来代替;我对自己身体的认识,完全有别于相关的生理学知识;韵律和诗体的规则,并不能告诉我一首诗到底在讲什么,而哪怕我对诗歌的规则一无所知,我也知道这首诗在讲什么。[11]

人所做的大量"智能活动",我们是无法向其他任何人解释的,甚至也没法向自己解释。2014 年,经济学家保罗·奥图(Paul Autor)借鉴了这一观点,认为"事实证明,最难诉诸自动化的任务,就是那些要求灵活性、判断力和常识技能等人只能通过默契来理解的任务"。[12](译注:不过,奥图论述的对象并不是计算机。)

他将之称为"波兰尼悖论"。波兰尼悖论最合适的一个例子就是面部识别。你知道丈夫的脸,你可以从 100 万甚至 10 亿张其他人的面孔里把它认出来。可对这些有关他的脸的知识,你自己并无意识,你甚至说不出他眼睛、鼻子和嘴巴的位置到底是什么样的。然而,无意识中,你的的确确能分辨出这张脸的整体。

另一个例子，仍然与构建思考机器密切相关的，是语言本身。我们学习语言，不是靠的教语法和用字典。事实上，尤其是英语这种松散的语言，我们很多人基本上都意识不到它竟然还有正式的语法。我了解的大部分英语语法，都来自在学校里被硬塞给我的拉丁语。波兰尼悖论还有其他很多例子：骑自行车、酿酒、烤面包……我们可以在书本里读到它们的知识，但要是你想学会，就必须亲手做。

波兰尼悖论还跟另一个矛盾观点有着紧密的联系，后一观点来自人工智能研究人员早些时候的发现。20世纪80年代，汉斯·莫拉维克（Hans Moravec）、罗德尼·布鲁克斯、马文·明斯基等人确认了莫拉维克悖论的存在。[13] 莫拉维克对悖论作了这样的描述："让计算机在智力测试或下跳棋等事情上表现出成年人的成绩水平相对容易，可在感知和机动性上，却很难赋予它们1岁孩子都掌握的技能。"[14]

著名语言学家兼认知科学家史蒂芬·平克（Steven Pinker）称这是人工智能研究人员最重要的发现。[15] 他在《语言本能》（The Language Instinct）一书中写道：

35年人工智能研究路上的主要教训是，困难的问题容易，容易的问题难。4岁孩子的心智能力，如识别面孔、举起铅笔、穿过房间、回答问题，我们视之为理所当然，实际上是在解决最为困难的工程设计问题。别受汽车广告里流水线上的机器人愚弄，它们所做的无非是焊接和喷漆，这些任务不需要笨重的机器人先生看见、举起或放置任何东西。而如果你偶然碰到一套人工智能系统，你问它像这样的问题：是芝加哥大，还是面包箱大？斑马是蹩脚内裤吗？地板会不会跳起来咬你？如果苏珊去商店，她的脑袋会跟她一起去吗？大多数对自动化的恐惧都放错了地方。随着新一代智能设备的出现，股票分析师、石油化工工程师和假释董事会成员恐怕会遭到机器的取代。园丁、接待员和厨师，未来几十年都能饭碗无忧。[16]

波兰尼悖论的反面是，我们难于实现自动化的任务，是那些计算机趋于增进人类而非取代人类的任务。从这一悖论出发，建筑工人相对安全。但他会变成一个使用起重机、挖掘机、钻孔机和其他工具成倍放大自己工作效率的"机器人"。

或许，波兰尼的想法里并没有真正的矛盾之处。我们的大脑对数十亿年来的演变做了编码，我们的感知和反射经过了数百万代人的精密微调，高级意识思想降临得相对较晚。机器掌握一项任务的难度，或许只不过反映出人类演化用了多长时间才掌握它。

人为限制

我们可能永远无法迎来思考机器的一个原因在于，我们说不定会制定法律，禁止制造。我们可能会认为开发某些机器的风险大于收益。又或者，我们允许制造它们，但对它们的行为方式加以限制。1942 年，艾萨克·阿西莫夫（Isaac Asimov）提出了著名的机器人定律。

阿西莫夫定律

1. 机器人不得伤害人类，或坐视人类受到伤害。
2. 除非违背第一定律，机器人必须服从人类的命令。
3. 在不违背第一及第二定律的前提下，机器人必须保护自己。

阿西莫夫称上述定律来自 2058 年出版的《机器人手册》（*Handbook of*

Robotics)第 56 版。[17] 和许多其他领域一样,阿西莫夫的作品展现出了非凡的远见。到 2058 年,机器人很可能在我们的社会中扮演关键的角色,我们必须为它们的行为设定伦理。很遗憾的是,阿西莫夫的故事表明,就连这样简单的定律也大有问题。[18] 如果机器人必须伤害一个人,以拯救其他若干人,该怎么办?如果采取行动和不作为都会伤害人类,该怎么办?如果两个人给出彼此矛盾的命令,该怎么办?即便如此,阿西莫夫仍然主张,应该带着对此类定律的思考来开发机器人:"每当有人问我,如果到了机器人足够常见、足够灵活,能够在不同行为方式中做出选择的那一天,真的用我的机器人三定律来监管机器人的行为,我会怎么看呢?我的答案早已酝酿成熟。"[19]

尽管阿西莫夫如此坚持,我还是保持怀疑态度。他的定律为什么不足以充当开发能与人类互动的机器人的机制,原因很多。他自己也承认,人类肯定并不完全理性。阿西莫夫定律既不准确,也不完整。准确地把所有我们想都想不到的场景都涵盖在内,恐怕是挑战最大的地方。谷歌在开发无人驾驶汽车期间,报告说它们的车碰到了一些极度怪异、完全出乎意料的情况。

曾和图灵一起在布莱切利公园共事的英国数学家 I.J. 古德(I.J. Good)[20] 提出了一条简单得多的定律。这条定律简洁而优美:"对待不如你的人,就像比你优秀的人对待你那样。"

很遗憾,就连这条定律也能找到缺陷。机器人恐怕想要插上电源充电,人类则不然。机器人一定要为了我们牺牲自己,哪怕我们不如它们。于是,后来的人只好试着把话说得更准确,限定条件也更多。2010 年,英国资助人工智能研究的主要政府机构,工程与自然研究理事会(Engineering and Physical Science Research Council,EPSRC)召集了来自技术、艺术、法律和社会科学等领域的专家,为机器人界定一些根本性原则。

EPSRC 的机器人原则

1. 机器人是多用途工具。除非是为了国家安全，设计机器人的时候，不应以杀死或伤害人为唯一或主要目的。

2. 人类是负责主体，而非机器人。在设计、操作上，只要切实可行，机器人都应遵守现行法律及基本权利及自由，包括隐私权。

3. 机器人是产品。在设计上，它们所使用的流程，应确保其自身安全可靠。

4. 机器人是工业人造物品。在设计上，它们不应以欺骗性方式来利用弱势用户；相反，它们的机器性质应当一目了然。

5. 对机器人负有法律责任者，应遭到追责。

很难对这些原则表示异议。但有几个严肃的问题，它们仍未能解决（我们稍后要提到）。如果机器人能对自身行为进行学习，人怎么能够对机器人负有法律责任呢？如果机器人不是负责主体，那么，当自动驾驶汽车把我们的孩子从学校送回家，该由什么人来负责呢？对那些工作被我们设计的机器人夺走的社会弱势群体，我们怎么加以保护呢？这类的问题还可以继续列举下去。

还有人继续尝试。2016 年，为全英国设定规格标准的国家机构，英国标准协会（British Standards Institution，BSI）公布了《BS 8611》。这是一本 28 页的指南，论述怎样设计在道德上合乎理性的机器人，确定了一些道德危害，包括机器人欺骗、机器人上瘾，以及自学系统超出其职责的可能性。《卫报》将这套标准总结为："不害人，不歧视。"其他国家和机构也正在跟进。全世界规模最大的技术专家组织，电气电子工程师学会（IEEE）就正在为下属的 40 万开发人工智能系统的会员拟定类似的指导原则。

机器合作伙伴

2016年9月，谷歌、亚马逊、IBM、微软和Facebook宣布结成"人工智能伙伴关系，造福人类和社会"。该倡议的目标是规范人工智能技术的最佳实践，提高公众对人工智能的认识，充当探讨人工智能及其对人与社会影响的开放平台。该伙伴关系以下列宗旨为指导：

"人工智能伙伴关系"的宗旨

1. 我们将努力确保人工智能技术为尽量多的人造福，也为其授权。

2. 我们将教育和倾听公众，积极调动利害关系人，了解他们对我们工作重点的反馈，告知他们我们的工作情况，解决他们的问题。

3. 我们承诺，就人工智能的道德、社会、经济和法律意义，进行公开的研究和对话。

4. 我们认为，人工智能的研究开发工作，需要大范围利害关系人的积极参与和负责。

5. 我们将与商界的利害关系人代表进行交流，帮忙确保具体领域的担忧与机遇得到理解，得到解决。

6. 我们将努力让人工智能技术带来的利益实现最大化，解决其潜在挑战，具体方式是：

a. 努力保护个人的隐私和安全。

b. 努力了解并尊重可能受到人工智能进步影响的各方利益。

c. 努力确保人工智能研究和工程社群，为人工智能给社会带去的大范围潜在影响承担责任，保持敏感，直接投入。

d. 确保人工智能研究和技术坚稳、可靠、值得信赖，按照安全规范运行。

e. 反对开发和利用违反国际公约或人权的人工智能技术，促进无危害的保障和技术。

7. 我们相信，出于解释技术的目的，人工智能系统的运作有必要得到人的理解，能向其进行说明。

8. 我们力争在人工智能科学家和工程师之间创造合作、信任和开放的文化，帮助我们更好地实现上述目标。

还是那句话，"人工智能伙伴关系"提出的大部分原则，没什么好反对的。这一倡议还很年轻，很难知道它将怎样影响该领域的发展。它能保证负责任地开发可造福所有人的人工智能吗？但愿它不仅仅是一场公关活动。这些创始合作伙伴是从人工智能技术里受益最多的技术公司，它们存在明显的利益冲突。我有许多从事人工智能工作的同事都担心有太多的权力集中在这些巨头手里了。考虑到它们在税务安排、扫描书籍、游说国会等事情上的做法，这些公司的成功，不见得总是符合公众利益。

伦理限制

思考机器提出了大量有趣的伦理挑战。自动驾驶就是急需解决这些挑战的领域之一。计算机正开始在我们的道路和高速公路上作事关生死的决定。假设你坐在一辆自动驾驶汽车上读报纸，两个孩子突然冲进了你前面的路上。汽车会决定撞上这两个孩子，还是跟对面车道上的车迎面相撞，还是撞上另一辆停着的车？计算机有几毫秒来决定采取哪种行动，而所有这些行动，都有可能导致人受伤或丧命。

这种生死攸关的情景，伦理学家称为"有轨电车难题"（trolley problem）。你要在不同的方案之间进行选择，而选择的结果决定了谁生谁死。计算机兴许计算出，撞上两个孩子可能会害死他们，但安全气囊能把你救下来。计算机或许也计算出，跟迎面而来的汽车相撞，碰撞更猛烈，可能会害死你，也害死对面车里的乘客。最后，它可能还计算出，跟停着的车相撞，有很大概率会害死你。这个结果，死的人最少——但那个不幸的受害者是你。如果有一个孩子跑到路上，该怎么办？现在，要在你和孩子之间作选择。

原版问题讨论的是一辆失控的轨道推车。前方的轨道上捆着五个人。你站在推车和人中间，身旁有个拉杆。如果你拉动它，推车将切换到旁边的轨道上，但那条轨道上绑着一个人。你有两种选择：要么什么都不做，推车在主轨上撞死5个人；要么你推动拉杆，把推车推上侧轨，撞死一个人。你会选择怎么做？推车问题有许多改编版本，如把人推进推车所在的轨道，从一个人身上移植器官拯救多人性命，受害者的结局是关起来而不是撞死。这些改编版本暴露了作为与不作为、直接效果与可能出现的副作用之间的伦理差异。

尽管手推车问题引起了广泛的关注，但就开发符合伦理道德的自动驾驶汽车而言，它只占了问题的一小部分。人们还要面对其他许多伦理问题，这些问题里有不少都会出现得更为频繁。人类驾驶员是经常违反法律的。我们闯黄灯，我们占用人行道，我们会超速来摆脱危险路况。自动驾驶车辆能否以这种方式违反法律呢？如果可以，违反到多大程度合适呢？另一个引发热议的伦理问题是，我们是否应该开发一套系统，让人类驾驶员临时收回控制权呢？有证据表明，人类很难做到这一点，甚至可能没办法迅速重新获取背景认知。我们该怎样保护自动驾驶汽车有可能难以感知的其他道路使用者（如骑自行车的人，行人等）呢？自动驾驶汽车是否应该加上明确的标识，好让其他道路使用者保持恰当的谨慎态度来对待它们？我们应该为自动驾驶车辆准备专用车道吗？如果有一天，自动驾驶汽车变得比人类操纵的汽车更安全，还应该允许人类开车上路吗？

未来10年，观察社会怎样适应自动驾驶汽车，怎样迎接它们带来的挑战，一定非常有趣。将来我们应该怎样应对人工智能提出的其他道德挑战，自动驾驶汽车领域有可能充当试验田。目前的证据只能说明，我们正梦游着走进这一光明的未来。在我看来，大多数政府对自动驾驶车辆所采取的立场，是把太多的责任都交到了开发相关技术的公司手里。可以理解，各国都不希望扼杀进步，也都想要从价值数万亿美元的自动驾驶车辆制造产业里分一杯羹。眼下的汽车巨头，如通用、福特和丰田，不见得能在这场比赛中赢得了特斯拉、苹果和 Nvidia（英伟达）等后来者。同样地，让自动驾驶汽车上路，在伦理道德上势在必行，它们每年能避免数千人因交通事故丧生。但在这股匆忙往前跑的势头里，我们务必要谨慎。

空中交通是一个很好的类比。在 100 年前这一技术的萌芽岁月，飞行很自由，事故司空见惯。飞行很危险，只有勇敢的人才敢飞。但政府很快就插手进来，对飞行本身和飞机制造商进行监管，设立了从事故中学习的机构。政府颁订法律规范飞行及飞机标准。如今，飞行成了最安全的交通方式之一。自动驾驶汽车也应以这样的终点为目标，但在我看来，要是政府不强调监管，我们恐怕达不到目的。

我们不允许制药公司随心所欲地在一般公众身上检测产品。同样，我们也不应该让技术公司在没有强力监管的情况下，随心所欲地在公路上测试自动驾驶车辆。制药公司还不得随心所欲地改变产品。那么，我们为什么会允许汽车厂商自动上传未经验证的软件更新呢？只要具备商业可行性，任何道路测试中所学到的教训，都应与其他开发商共享。国家或国际机构需要调查自动驾驶车辆所卷入的事故原因，每次碰撞都能为自动驾驶车辆带来进步。

算法歧视

另一个非常切近的伦理挑战是算法歧视。算法有可能有意无意地歧视特定社会群体。谷歌等公司一直在鼓吹算法很好、算法不歧视的神话。[21] 谷歌的行为准则开篇就说:"我们会尽力为用户提供不偏不倚的信息,关注其需求,为之带去最优秀的产品和服务。而他们为你提供不偏不倚信息的途径,就是靠盲目挑选最优结果的算法。然而算法真的有可能歧视,尤其是如果这些算法是从数据中学习的。

2015年,卡内基梅隆大学的一项研究发现,较之女性,谷歌为男性提供的高薪工作广告更多。这显然不是打击薪酬性别歧视的方式。谷歌使用的其他算法也内嵌了歧视。谷歌的自动完成功能,对"政客"一词给出了以下选项:

政客是骗子
政客腐败
政客是变色龙

当然,这可能不是一个很合适的例子。我再试试看。谷歌的自动完成功能为"医生"一词给出的选项是:

医生危险
医生比教师好
医生没用
医生心眼坏

我说不准我们是否真的想要返回上述答案的算法（哪怕是那条跟教师有关的）。我在这里选择了谷歌，但其他任何搜索引擎里也都可以发现类似的偏见。[22]这些算法本身可能的确没有任何明确的偏见，但不管我们是否意识到，我们提供的数据令它们作出了带有偏见的决定。

很多时候，它可归结为我们对算法的使用方式。假设你开发了一套机器学习算法来预测哪些已定罪的犯罪分子最有可能再次犯罪。你可以使用这样的算法来定位缓刑分子，帮助他们免于沦落到最终入狱的下场。这似乎是该技术的好用处。然而，假设有法官使用相同的算法来决定判刑，对有更大可能重新犯罪的人给予更严厉的刑罚。这种对技术的用法，就比较容易引来质疑了。尤其是，这有可能意味着，黑人最终关监狱的时间比白人更久。事实上，2016年COMPAS[23]的一项研究就用计算机程序来预测二次犯罪，发现黑人被告远比白人被告更容易遭到再犯风险更高的误判，而白人被告则比黑人被告更容易遭到再犯率更低的误判。美国法院采用COMPAS的预测来为保释金额、刑期和缓刑期提供信息。算法歧视已经把人锁进不公平里了。

欧盟正就这个问题采取行动。《一般数据保护条例》（*The General Data Protection Regulation*，GDPR）将于2018年5月生效。条例的第22条规定，欧盟公民有权质疑、反对纯粹以算法为依据做出的决策。目前还不清楚这一条例会怎样执行（甚至也不知道它能不能得到执行）。技术公司将怎样调整，同样不明朗。然而，很明显，我们都需要正视算法歧视问题，各国政府有着重要的监管之责。

隐　私

人工智能提出巨大伦理挑战的另一个领域是隐私。依靠智能算法筛选海量数据，"老大哥"的运转会好得多。爱德华·斯诺登（Edward Snowden）

揭露的内幕,提醒我们许多人意识到人工智能侵入隐私的可怕潜力。事实上,情报机构只有通过人工智能才能筛选收集到的海量数据。

一如以往,这是一把双刃剑。在正进行(而且似乎永无结束之日)的反恐战争中,我们或许希望能够使用智能技术找出藏在暗处的恐怖分子。另一方面,我们不希望政府知道自己所有和平且民主的想法。让问题变得更复杂的是,我们很多人早就习惯了向 Facebook 一类的公司无偿又实时地提交有关自己的宝贵信息。有句老话说得好:"如果你不为产品花钱,你就是产品。"

目前有许多保护个人隐私的方法都正在开发当中。随着我们的设备变得更智能,我们可以把更多的计算从云端推送到设备上。这样,你或许就无须与其他任何人分享个人信息了。此外,还有"差分隐私"(differential privacy)等新设想。例如,我们可以为数据库添加"噪声",保持查询答案不变,但无法再识别个人。不过,在我看来,缺失的环节是政府要退出来。个人需要保护隐私不受政府和公司的侵害。政府机构和公司侵犯我们的隐私,诱惑力太强,又太容易。技术只是让它变得更容易而已。

错误身份

把机器错认为人,是好些科幻电影反复出现的一个主题。在经典电影《银翼杀手》(*Blade Runner*)里,哈里森·福特扮演的里克·狄卡(Rick Deckard),跟踪并摧毁在外观上与人类无异的逃脱复制人。然而,电影留下了一个撩人的开放结局,那就是里克·狄卡本身有可能就是个复制人。最近,电影《机械姬》(*Ex Machina*)把焦点放在了一种特定类型的图灵测试上,机器人艾娃(Ava)努力伪装得足够像人,骗人帮自己脱逃。而在史上第一部科幻电影《大都会》(*Metropolis*)里,机器人乔装成了名叫玛利亚的女性,造成了工人的暴动。

因此，将来的某个时候，我们有可能被迫要应对机器被误认为人带来的冲击。考虑到计算机"通过了"图灵测试的有限形式，可以说，这样的未来其实已经到来了。看过莎士比亚的读者都知道，人试图伪装身份的时候，总是有许多危险在等着我们。如果机器模仿我们信任的人，会发生什么？或许它们能够哄骗我们照它们说的做。假设它们拥有跟人水平相当的能力，但只能在低于人的层面上行动，会有什么样的后果？意外说不定会转瞬即至。如果我们对机器产生了社会依附感会怎么样？又或者，更糟糕的话，如果我们爱上机器人了怎么办？前面有整整一片问题的雷区正等着我们。

危险信号

技术有可能会破坏、危及我们生活的情况，这并非历史上第一次出现。1865 年，因为担心机动车辆影响公众安全，英国议会通过了《机动车法案》（*Locomotive Act*）。它要求人赶在机动车辆前面摇红旗，发出信号，提醒危险马上就要到来。当然，公共安全并非这部法律的唯一考量，因为以这种方式限制汽车，铁路能从中获得利益。事实上，该法律限制机动车辆的使用，明显不只是为了安全所需。但它体现出来的精神是好的：公众有权预先获得提醒，了解潜在的危险，直到社会为新技术的到来做好调整。

有趣的是，30 年后的 1896 年，《机动车法案》撤销，此时汽车的速度限制提高到了每小时 14 英里（约为 23 千米）。巧的是，第一起超速违规，以及英国第一起汽车致死事故（可怜的行人布里吉·德里斯科尔），也在同年发生。此后，道路交通事故迅速升级。截至 1926 年（这是有案可查的第一年），英国道路上仅有 1 715 421 辆机动车，但却发生了 134 000 起重伤事故。也就是说，每年每 13 辆汽车上路，就会发生一起严重伤害。一个世纪以后，我们的公路上有上千人因车祸丧命。

新法律

受这些历史先例的启发,我最近提议设定一种避免机器被误当成人的新法律。[24]

图灵危险信号法

一套自主系统应在设计上就使其不可能被误认为是自主系统之外的任何东西,且应在与其他主体进行互动之前就表明其身份。

这当然不是法律本身,而是对它意图的概述。法律必然更长,更严谨。法律专家和技术人员必须起草这样的法律,措辞需要精心拟定,对术语加以准确的定义。比如,它要对自主系统下个精确的定义。

这项拟议法律分为两部分。第一部分指出,自主系统的行为方式,在设计上就不应使之有可能被误认为是人。当然,不难想象,在某些情况下,让自主系统被误认为是自主系统之外的东西能带来好处。例如,假装成人类的计算机能创造出更吸引人的虚拟互动。更有争议的是,假装成人的机器人说不定能更好地照料、陪伴老年人。然而,我们也有更多理由不希望计算机愚弄我们,有意或无意地欺骗我们。好莱坞提供了许多涉及此类风险的例子。

当然,这样的法律会给任何类型的图灵测试带来问题。枪支法律里已经设计了类似的条款。特别是加利福尼亚州州长阿诺德·施瓦辛格(Arnold Schwarzenegger)于2004年9月签署立法,禁止在该州公开展示仿真玩具枪,除非它们涂有鲜艳的颜色,能明确地与真枪区别开来。该法律的目的是避免警察把玩具枪误认为是真枪。

法律的第二部分规定,自主系统必须在与另一主体进行互动的一开始就表明自己的身份。请注意,这里的其他主体,甚至可以是另一台机器。我是有意这么措辞的。如果你派自己的机器人去谈判购买新车，你希望知道它是在跟人谈话，还是在跟经销商的机器人谈话。你肯定不希望经销商的机器人会因为正在跟你的机器人互动，就假装成人类。法律的这一方面旨在减少自主系统被误认的概率。

危险信号示例

我们来看看这项法律可能会触及的4个新兴领域。首先是自动驾驶车辆。依我之见，允许自动驾驶车辆上路的第一份法律文件（内华达州的《AB511》）完全没有提及此类车辆应向其他道路用户表明自动驾驶的身份，是真正的疏忽之举。图灵危险信号法将要求自动驾驶车辆向人类司机及其他自动驾驶车辆表明身份。

很多时候，知道道路上的另一辆车是自动驾驶的，可能十分重要。举例来说，交通灯信号变化时，我们可以假设迎面而来的自动驾驶车辆会停下，这样我们就用不着为了避免事故而狠踩刹车。再举一个例子，如果大雾里有一辆自动驾驶车辆在我们前面行驶，我们可以假设它借助雷达能清楚看到前面的路。因此，我们不必因为担心它突然刹车而保持较长车距。第三个例子，在十字交叉路口，我们可以假设自动驾驶汽车不会在没有路权的情况下大胆往前冲。第四个也是最后一个例子，如果一辆自动驾驶车辆要转弯了，我们可以预料它会行驶得更为缓慢，以弄清路面状况。

自动驾驶车辆应该如何表明身份呢？我不认为这需要有个人举着红旗走在前头。就算是在1865年，这也太憋屈了。自动驾驶车辆可以携带特殊的车牌，就像如今我们要求新手自己开车上路表明身份那样。又或者，自动驾驶车辆运行时可以打粉色闪光灯。

此外，自动驾驶车辆应始终向相邻车辆播报其位置、速度和自主性。

2015年6月，路透社报道说，两辆自动驾驶汽车，其一来自谷歌，另一辆来自德尔福公司（Delphi），在硅谷街头差一点儿发生意外。谷歌的车在改变车道时，明显地抢了德尔福汽车的道。德尔福汽车不得不"采取恰当行动"来避免事故。显然，如果自动驾驶汽车播报自己的位置和意图，会有助于避免此类事故发生。当然了，为避免此类广播不损害人类乘客的隐私，还需要设定充分的保障措施。

等到自动驾驶汽车司空见惯，其他司机就对碰到它们有了心理预期。但在此之前，司机们有必要知道，迎面而来的车辆有些特殊，行为或许跟人类驾驶员不同。过去，要求自动驾驶车辆表明身份似乎没什么必要：这类车辆极少，大多数看起来都挺怪异的（车顶上架设着转动的巨大激光雷达传感器足以透露它们的身份）。然而，如今，同样的技术越来越微型，自动驾驶汽车外观显得愈发正常，要判断一辆车是否是自动驾驶越来越困难了。此外，还有一种倒过来说的观点。假设自动驾驶车辆变成比人类更优秀的驾驶员，那么，就像今天我们要求欠缺经验、能力不足的新手司机表明身份一样，我们或许会要求人类司机表明身份。图灵危险信号法能实现这一点。

让我们转到图灵危险信号法可能很快会产生影响的第二个领域。想一想虚拟助理，比如苹果的 Siri 或微软的 Cortana。以下是我刚才和 Siri 展开的对话：

与 Siri 的对话

SIRI：我能帮你做些什么？

问：你是计算机吗？

SIRI：就我目前的存在形式，我不能确认，也不能否认。

问：你是人吗？

SIRI：我是助理。这才是关键。

人工智能会取代人类吗?

问:你是人工智能吗?

SIRI:这个问题太私人了。

从这类的对话来看,Siri 似乎很接近违反上文拟议的图灵危险信号法。它不表明自己的计算机身份就开始对话,而且它的回答方式建立在你的幽默感之上,有可能会造成欺骗效果。至少,过不了几年,对话变得更复杂,你都可以想象自己遭到欺骗的情形。当然,现在相信 Siri 是人的用户很少。只需要问几个问题,就能让 Siri 暴露"非人"身份。不过,让安装在数百万台智能手机上的日用技术显得像是人(尽管它的表现比较蹩脚),恐怕设定了一个危险的先例。

有好几种容易信任他人的群体,说不定已经上当受骗了。我女儿有个洋娃娃,跟 Siri 建立了蓝牙连接,能回答若干一般性问题。我说不准女儿是不是完全理解,这些聪明的工作全都是智能手机完成的。此外,还有患有阿尔茨海默病和出现其他形式智力减退症状的群体。Paro 是一只讨人喜欢的机器海豹,它正在接受测试,作为帮助此类患者的治疗工具。有些人认为,把一只机器海豹误认为是真的,很令人费解。想象一下,如果这类患者把人工智能系统误认为是人类,这会给社会带来多大的困扰啊。

让我们进入第三个例子:在线扑克。这是一个价值数十亿美元的行业,不妨说这里的赌注很高。大多数(甚至于全部)在线扑克网站都已禁止计算机程序玩了。程序的优势太大了,尤其是对较弱的玩家:程序永远不会疲倦,可以非常准确地计算赔率,非常准确地追踪历史牌局。当然,按照现在的技术水平,它们也有弱点,比如理解对手心理的能力较差。然而,出于公平起见,我猜大多数人类扑克玩家都愿意知道自己的对手是不是真正的人类。此类观点也可能被其他在线计算机游戏提出。你恐怕想知道,你"死得"这么容易,只是因为对手是计算机程序,条件反射跟光速一样快。

最后，我要举第四个例子：计算机生成文本。美联社现在使用Automated Insights 开发的一套计算机程序，生成大部分美国企业盈利报告。狭义的阐释，可以把这种计算机生成文本排除在图灵危险信号法之外。文本生成算法通常没有自主性。实际上，它们大多也不互动。可如果我们从更长的时间尺度来考虑，这种算法仍然是以某种形式跟真实世界互动，它们生成的内容很有可能被误认为是人写出来的文本。

就个人而言，我乐于知道自己正在阅读的文本是出自人类之手还是出自计算机之手。知道这个情况，可能会影响我对这段作品的情绪投入度，但我也接受如今我们正处于灰色地带的现实。自动生成的股票价格表和气象图不自动表明身份，你或许无所谓，但计算机生成的比赛报告，你恐怕希望它自报家门吧？如果报道世界杯比赛的电视节目评论，不是有史以来最优秀的足球运动员利昂内尔·梅西（Lionel Messi），而是一台声音像是梅西的计算机，那会怎么样？

一如这些例子所示，要弄清该用图灵危险信号法在哪里划定界限，我们仍然还有一段路要走。但我主张，不管是在什么地方，这条界限应该划出来。

反对危险信号法

有几个观点，可以提出来反对图灵危险信号法。一是认为担心这个问题还为时过早。事实上，在今天给这个问题打上记号，只能给人工智能的糟糕炒作增加噱头。出于若干原因，我认为这一观点不成立。

首先，自动驾驶汽车可能几年内就会推广开来。2011年6月，内华达州州长签署了《AB511法》，这是全世界第一部明确允许自动驾驶车辆的立法。我之前说过，令人吃惊的是，法令并未说明自动驾驶车辆是否有必要表明自己的身份。

其次，我们中许多人都受过计算机的愚弄。几年前，有个朋友问我，自助结账服务是怎样识别不同的水果和蔬菜的。我以为那是一种基于形状和颜色的分类算法。但紧接着，我朋友就指给我看了身后的中央监视系统，原来分类是人类操作员完成的。机器与人之间的界限正迅速变得模糊，哪怕是业内专家也可能犯错。图灵危险信号法有助于保持边界的清晰。

第三，人类常常以为计算机拥有一些它们本来并没有的功能。前文最后一个例子就对此作了阐释。还有一个例子则是，我让学生跟机器狗 Aibo 玩上一会儿，他们立刻为它附加上了情绪和感受，但机器狗其实既没有情绪，也没有感受。自主系统还远不能像人类一样行事的时候，就在愚弄我们了。

第四，对一切新技术而言，即将获得接纳但社会又尚未适应的时候，是它最危险的时刻。很可能，像今天的机动车一样，一旦人工智能系统成为常态，社会就会废除图灵危险信号法。但趁着它们还很罕见的时候，我们恐怕需要更谨慎地采取行动。

在美国的许多州，还有澳大利亚、加拿大和德国等国家，如果电话通话要录音，对方必须告知你。说不定，将来你会听到如下的介绍："你即将与人工智能机器人互动。如果你不希望这么做，请按 1 键转为真人接听。"

以上论述的是各种有可能妨碍我们实现思考机器的限制条件，下面让我们来看看，哪些力量有可能让我们更快实现思考机器。

奇　点

实现思考机器，接着迅速发展，进入"超级智能"时代，有一条简单的路线，这就是所谓的"技术奇点"。这个概念可追溯到许多不同的思想家，约翰·冯·诺依曼[25]就是最初想到它的人之一。1957 年，诺依曼去世后，数学家斯塔尼斯拉夫·乌拉姆（Stanislaw Ulam）写道："和（冯·诺依曼）

进行了一番谈话,主要谈的是不断加速发展的技术以及人类生活模式的变化,将使得人类历史上出现某个重要的奇点,在此之后,传统的人类之道无以为继。"[26]

技术奇点概念背后的另一个人是 I.J. 古德。1965 年,他提到了"智能爆炸",他没有使用"奇点"这个词,但想法基本一样:

> 让我们将超级智能机器定义为一台在一切智能活动上都远超人类的机器,不管人有多聪明。既然设计机器属于这类智能活动的范围,那么一台超级智能机器当然能够设计出更出色的机器。故此毫无疑问会出现一场"智能爆炸",把人的智力远远抛在身后。是以,第一台超级智能机器也就成为人类最后的发明了……[27]

尽管这些引文出自 20 世纪 50 年代和 60 年代,许多人还是把技术奇点的概念算到了计算机科学家弗诺·文奇(Vernor Vinge)头上。1993 年,文奇预测说:"30 年之内,我们将拥有创造超人类智能的技术途径。不久之后,人类的时代就会结束。"[28] 此前,文奇在几本科幻小说里写到过技术奇点,第一本是 1981 年的开创性赛博朋克小说《真名实姓》(*True Names*)。

之后,未来学家雷·库兹韦尔和牛津大学哲学家尼克·波斯特洛姆推广了技术奇点的概念。[29] 按照目前的趋势,库兹韦尔预测技术奇点将在 2045 年左右出现。着眼于本书的目的,我认为技术奇点指的是一个时间点,届时,我们将制造出一台具备足够智能,可以对自己进行重新设计以提高智能的机器。而一旦达到这个点,该机器的智能就开始呈指数级增长,迅速在量级上超过人类智能。

现在许多人担心的是到了技术奇点那一天,人工智能给人类带来的风险。波斯特洛姆等哲学家担心思考机器会发展过快,人类根本没有时间监控它们的发展。然而,我马上就会解释,出于诸多理由,机器很可能无法反复自我改进,我们说不定永远也看不到技术奇点的到来。

数学上的两点困惑

我在数学上的第一点困惑在于,用"技术奇点"来描述机器反复地提升自身智能这个概念,蹩脚透顶。按数学家的用法,这并不是奇点。若 t=10,则函数具有数学奇点。随着 t 越来越接近 10,函数趋近于无限。事实上,随着 t 接近 10,函数的斜率也变成了无限,数学家称之为双曲线增长。"技术奇点"的支持者通常指的是指数增长,它比双曲线增长慢得多。函数随时间步长的常数倍增长,这叫作指数增长。举例来说,每当 t 增加 1,指数函数翻一倍。这样的函数达到无限的速度,比双曲线函数慢得多。此外,指数函数的斜率始终是有限的。事实上,正因为斜率仅为值的倍数,指数函数样子很漂亮。由于值是有限的,其斜率也是有限的。

我的第二点困惑是,智能指数增长的概念,完全取决于衡量智能所用的尺度。例如,人们常用对数尺度来衡量声音。20 分贝比 10 分贝大 10 倍。30 分贝则是 10 分贝的 100 倍,数学家称之为"对数空间"。如果我们在类似声音的这种对数空间里测量声音,那么指数增长也就是线性的罢了。这里,我无意就衡量机器智能到底是什么意思展开讨论。我只是假设这样一种情况:如果智能存在一种可以衡量、比较的特性,而技术奇点指的是,按恰当而合理的尺度,该指标呈指数倍增长。

奇点可能永远不会到来

技术奇点的概念,更多的是主流人工智能社群之外而非之内的辩论主题。在某种程度上，这可能是因为，许多支持奇点论的人都是领域外人士。技术奇点还跟一些颇具挑战性的设想，如延续生命、超人类主义（transhumanism）等挂上了钩。这挺遗憾的，因为它令辩论脱离了根本性的问题：我们能不能开发出可以反复自我改进的机器，使其智能快速提升并超越人类？

这似乎不算一个特别疯狂的想法。计算领域从大量的指数发展趋势中获益颇多。自1965年以来，摩尔定律基本准确地预测，集成电路上晶体管的数量（即芯片中存储器的数量）每两年翻一倍。20世纪50年代以来，库梅定律准确地预测，计算机使用每焦耳能量进行的运算数量，每18个月翻一倍。正是靠着这些指数发展趋势，计算机开发经历了半个世纪之后，为你带来了智能手机。如果同一时期汽车实现了同等技术进步，那么，它们会缩到蚂蚁那么大，靠一桶汽油能跑上一辈子。那么，基于这些指数趋势，认为人工智能到了某个时候将出现指数增长，又有什么不合理的地方呢？

不过，针对技术奇点出现的可能性，有人提出了若干有力的反对观点。[30]我最好是说得再准确一些：我并不是在预测人工智能永远不能达到或超越人类智能。我的意见是，不会出现有些人所说的那种失控性指数增长。更大的可能是，我们要靠自己给思考机器的大部分智能编程。这将需要大量的科学和工程工作。我们不会在某天早上醒来，发现机器一夜之间就自我改进了，人类不再是地球上最聪明的生物。

既然讨论的是机器和人类的智能，我们必须要把"智能"到底是什么意思说个明白。我不会正面探讨它，但可以简单地做个假设：智能有一种特性，可以衡量并进行比较。有了这个假设，我就能够讨论反对技术奇点的几个有力观点了。反对技术奇点的观点不止一个。比方说，我们可以把前文讨论过的所有反对人工智能本身的观点继续扩展。例如，机器永远不会思考，因为它们没有意识。机器永远不能思考，因为它们没有创造力。不过，这里，我着重要讨论直接反对智能指数倍失控增长的观点。

"捷思狗"（FAST-THINKING DOG）说

技术奇点的支持者们都曾提出过一个相同的观点：相较于人类大脑硬件，计算机在速度和存储方面有着重大优势。这些优势每年都呈指数级增长。很遗憾，速度和存储本身并不会提升智能。弗诺·文奇提出过一个观点：一条思考速度更快的狗，恐怕还是不太可能会下象棋。[31]史蒂芬·平克雄辩地为此作了阐释：

> 没有丝毫的理由相信奇点即将降临。你能运用自己的想象力，生动地构想这样一个未来，并不是它真正可能出现的证据。蒙着圆顶的城市、上下班靠喷气式背包、水下城市、数英里高的建筑、核动力汽车——这些都是我小时候的未来幻想，但它们从未降临。纯粹的处理能力不是一包能神奇地解决所有问题的魔法药粉。[32]

智能不仅仅是对一个问题比别人想得更快、更久，或是罗列更多的事实。诚然，摩尔定律一类的计算发展趋势，肯定有助于对人工智能的追求。我们现在对规模更大的数据集展开学习，我们学习得更快了。但是，至少对人类而言，智能还取决于其他许多事情，包括多年的经验和训练。目前还说不清楚，光靠着提高计时速度、连接更多储存，是否就能在硅片里抄到捷径。

"人类本位"（ANTHROPOCENTRISM）说

技术奇点的许多描述假设，人类智能是一个可以超越的点，某种"临界点"。例如，尼克·波斯特洛姆写道："人类水平的人工智能很快会带来超过人类水平的人工智能……机器和人类大致匹敌的时间间隔可能很短暂。过不了多久，人类在智力上就没办法与人工智能相提并论了。"[33]

然而，在从昆虫到老鼠、从狗到猿猴再到人类的这一更宽泛的频谱上，人类智能也只不过是一个点。实际上，说这是概率分布而非单独的一个点更合适。我们每个人都落在这一分布形态的不同点位上。

假如说科学史能教会我们一件事，那就是：人类并不像我们自己以为的那么特殊。哥白尼告诉我们，宇宙不是围绕地球转动的。达尔文告诉我们，我们只是动物王国里的一员，跟我们的猿猴表亲基本上出自同一世系。而人工智能可能会告诉我们，人类智能本身没有什么特殊的地方，依靠机器，我们可以重现并超越它。因此，没有理由假设跟人类智能相匹敌就是一块特殊的里程碑，一旦超越，智能即可迅速提升。当然，这并不排除如下可能性：智能到了一定的阶段，会出现此类转折点。

技术奇点的支持者提出一个观点：由于我们具备独特的能力，可制造出放大我们智力能力的人工制品，故此，我们是有待超越的特殊点。我们是地球上唯一具备足够智能来设计新智能的生物，而且，这种新的智能不会受制于繁殖与进化的缓慢过程。然而，这种观点是在循环论证。它假设人类智能足以设计出具备足够智能、实现技术奇点的人工智能。换句话说，它假设我们具备足够的智能来启动技术奇点，也即我们努力想要达到的最终目标。要设计出这样的人工智能，我们可能具备了足够的智能，也可能没有。它没有必然性。就算我们具备了足够的智能来设计超级人工智能，这个超级人工智能说不定也不足以带来技术奇点。

"元智能"（META-INTELLIGENCE）说

我最喜欢的反对技术奇点概念的一个观点是，它把完成一项任务的智能，跟改进智能完成一项任务的能力搞混淆了。大卫·查尔莫斯（David Chalmers）在详尽分析了技术奇点概念的文章中写道："如果我们依靠机器学习制造出了人工智能,那么,我们可能很快就能够改进学习算法,拓展学习过程,带来进阶版人工智能。"[34]人工智能指的是一套有着人类智能水平的系统,而进阶版人工智能,则是一套比最聪明的人还要聪明的系统。查尔莫斯的逻辑,在"我们可能很快就能够改进学习算法"这句话里出现了信仰飞跃。这里没什么"可能"的,机器学习算法的进步,既不特别迅速,也并不十分容易。日后,如果我们真的制造出了人类智能水平的人工智能系统,机器学习也的确可能是它的重要组成部分,但这只不过是因为手动编码所有必需的知识和专业技术太痛苦了。假设人工智能系统运用机器学习来改进自己在某项需要智能的任务上的绩效,比方说把文本从英语翻译成德语,但这样的系统,不可能改进它自己所用的基本机器学习算法。机器学习算法常常在特定的任务上表现出众,而且,再多的调整似乎也不能再让它们进步了。

当然,我们目前看到使用深度学习的人工智能取得了令人瞩目的进展,它大大改善了语音识别、计算机视觉、自然语言处理等多个领域的现状,但这些进步并没有从根本上改变机器学习所采用的反向传播算法,而进步主要来自大规模的数据集和更深的神经网络。深度学习三巨头之一的扬·勒丘恩(Yann LeCun)[35]归结于规模:"以前,神经网络在识别连续语音上无法打破纪录,它们还不够大。"[36]

更多的数据和更大的神经网络意味着我们需要更多的处理能力。因此,为了提供这种处理能力,需要经常使用GPU。然而,更好地识别语言或识别物体,并没有令深度学习本身获得任何改进。处于深度学习核心的反向传播算法,有了些许调整。但20年来神经网络研究带来的最重大改进是,有了更大的网络、更大的数据集和更强的处理能力。

我们可以利用目前所知最优秀的智能系统案例之一,从另一个角度来看待这个观点。让我们来看看人类的大脑。对人类而言,学习怎样完成一项具体的任务,远比学习一般性知识更容易。如果我们去掉智商定义[37]内置的规范化条件，那么，人类的智商自 20 世纪以来提高得非常缓慢。而且，如果你想在今天提高自己的智商，就跟一个世纪以前同样的缓慢而痛苦。即便人对大脑怎样学习的知识水平已经提高了，还能运用许多能够帮助学习的新技术，情况也并未有所改变。或许，思考机器要想提升绩效也是同样纠结的，甚至可能永远无法摆脱其根本的局限性，走得很远。

"收益递减"说

技术奇点的许多论点假设，智能的进步是个相对恒定的乘数，每一代都能比前一代好那么一点点。然而，迄今为止，大多数人工智能带给我们的体验是收益递减的。起初，我们摘的是那些挂在低树枝梢头的果子，进步很快，但很快我们就遇到困难了。人工智能系统或许可以自我改善无数次，但智能的改变程度整体而言却可能是有限制的。举例来说，如果每一代只能提升上一次改善的一半，那么，系统就无法将最初的智能翻倍。[38]

收益递减可能不仅仅来自改善人工智能算法的难度，还来自其主题迅速增加的难度。微软公司的联合创办人保罗·艾伦（Paul Allen）确认了这一现象：

> 我们把这个问题叫作"复杂性刹车"（complexity brake）。随着我们对自然系统的理解越来越深入，我们常常发现，需要越来越多的专业知识来归纳其特点，我们被迫不断地以越来越复杂的方式拓展科学理论……我们相信，[认知] 知识的进步，会因复杂性刹车而从根本上放缓。[39]

哪怕我们真的在人工智能系统身上看到了连续的甚至指数倍的进步，可能仍不足以提高其性能。智能还没提升，有待解决的问题的难度说不定就已经更迅速地提高了。

"智能限度"说

另一个反对观点是，技术奇点有可能出现根本性限制。有一些限制来自物理学。爱因斯坦告诉我们，你不可能加速超过光速。海森堡教给我们，你无法完全准确地同时知道位置和动量。欧内斯特·卢瑟福（Ernest Rutherford）和弗雷德里克·索迪（Frederick Soddy）教导我们，你无法确切地知道原子的放射性衰变何时出现。人类制造的任何思考机器，都将受到这些物理规律的限制。当然，如果这台机器是电子甚或量子的，那么，这些限制可能比我们人类大脑所受的生物和化学限制要大得多。人脑的时钟频率为每秒几十个周期。当今计算机的时钟频率是每秒数十亿个周期，比人脑快几百万倍。人类大脑用庞大的并行性弥补了自身缓慢的时钟频率。即便如此，一台速度缓慢的机器能做这么多，也是很了不起的。很明显，从初始时钟频率方面来看，计算机恐怕有着显著的优势。

然而，复杂系统里出现了更为经验性的法则。例如，邓巴数（Dunbar's number）指的是，灵长类动物的大脑尺寸和平均社会群体规模有着相关性。故此，人类的社会群体有着规模限制：100到250人。智能同样是复杂现象，很可能存在这类复杂性带来的限制条件。机器智能的进步（不管是失控还是来得更缓慢），说不定很快就会碰到这种限制。当然，没有理由假设我们人类自己的智能正处于或已经接近这一极限。但同样地，也没有什么理由能说我们自己的智能离此类限制还早得很。

另一项限制，或许只是因为大自然固有的不确定性。不管你多么努力地思考一个问题，决策质量始终是有限的。预测下一期欧洲乐透彩票，哪怕是超级智能也并不会比我们做得更好。最后，计算已经碰到了一些纯粹物理上的限制。量子世界的不确定性限制了人能把计算机造得多小。2016年3月，英特尔宣布，摩尔定律要结束了，芯片只能再继续缩小5年了。英特尔正将焦点转移到功耗等领域（部分原因是为了满足我们对移动设备的需求）。

"计算复杂性"说

人类对指数的理解是非常蹩脚的。许多人都会低估复合增长的影响。但出于同样的道理,还有更多人倾向于高估指数增长的力量。有一种观点认为,指数改进足以破解任何问题。这是个误解。

计算复杂性(Computational complexity)是计算机科学下的分支,它考查的是算法运行得有多快或多慢。有些计算问题很容易,比如,我们可以快速把一张姓名列表按字母顺序排列好,这耗用的时间,只比一个接一个地梳理名单稍长。其他计算问题就有些难度了,例如,我们可以在快于 n^2 但慢于 n^3 的时间里,将两个 n×n 的数字矩阵乘到一起。这到底是什么意思呢?如果我们要把所乘的矩阵大小翻倍,那么,把它们乘到一起的时间增加 4 倍以上(也即 2^2),但少于 8 倍(也即 2^3)。

还有更难解决的计算问题。例如,解决卡车配送问题[更常见的名字叫"旅行推销员(TSP)问题"]的已知最优算法,要花掉指数级的时间。每当我们添加一个新的访问目的地,算法的运行时间就增加一个常数因子。这是指数增长的标志。

对指数增长为什么令人痛苦的经典解释,来自一个古老的印度象棋传说。为了让圣人和自己下象棋,国王允诺说,圣人要什么奖品都可以。圣人在棋盘的第一格里要一粒米,第二格两粒米,第三格 4 粒米,依此类推。国王显然并不精通指数增长,答应了这个条件。在棋盘的第 64 格上,国王必须要放上 18 000 000 000 000 000 000 粒米。这相当于 2100 亿吨大米,足以覆盖整个印度。

我们对摩尔定律等指数趋势带来的好处几乎视而不见了。但指数改进无助于解决一些最简单的问题,如计算列表的所有排列。解决这个问题的最优算法,仍然要花掉指数倍的时间才能把题目解出来。[40]计算复杂性大概就是前文讨论过的根本性限制之一。除非我们使用远超传统计算模式的计算机，否则，我们很可能会碰到许多计算复杂性从根本上限制了绩效的问题。

你或许以为，蓬勃发展的量子计算领域能为这一方向带来些指望。量子计算机带来了并行执行多项计算的潜力。在传统计算机里，每个比特代表两种可能的状态——0 或 1，计算在这种单一状态下进行。而在量子计算机中，每个量子比特（或 qbit）是这两种不同状态的叠加，因此，计算可以在指数倍的状态下同时执行。这样一来，较之经典计算机，量子计算机有望实现指数倍的加速。遗憾的是，如前所述，有许多计算问题，哪怕是指数倍的提速也不足以"驯服"它们。因此，量子计算机很有帮助，但本身还不足以让我们达到技术奇点。

尽管存在上述这些反对技术奇点的观点，但我坚信，总有一天，在某些任务上，我们能制造出有着人类甚至超人智能水平的思考机器。在我看来，没有什么根本上的原因能妨碍我们制造出足以匹敌甚至超过人类智能的机器。不过，我也认为，通往超人智能水平的道路不会太容易。实现了有着人类智能水平的机器，后面的发展可不会像是简单的智能滚雪球。我的同事们肯定会付出更多的心血才能实现这一宏伟目标。

模拟大脑

有些人提出了另一条通往思考机器的"简单"路线：效法我们拥有的大好例子，我们可以对人类大脑进行模拟。这种方法同样存在许多挑战。

首先，这个问题的规模庞大。如我们所见，人类今天构造的神经网络的连接数量，远比大脑要少。但我们还不能在这里停下来，我们恐怕还需要对神经元上的树突、对树突上长出来的树突棘建模，需要模拟大脑的化学和电活动。哪怕只对一个神经元进行如此详细的建模，对如今运转速度最快的计算机来说也是极大的挑战。

第二，我们可能要复制大脑里大量不同的复杂结构，这将挑战我们对大脑的映射能力。在整个宇宙里，大脑是迄今为止我们已知最复杂的系统，这不会是一件容易的事情。

第三，就算我们可以成功地模拟大脑，这或许也不过是带来了一个黑盒子。较之我们自己的大脑，它对智能或许提不出来什么更精彩的见解。有了电子和化学物质的模拟流，我们大概也并不能比观察大脑里真实的电子和化学物质流更好地理解智能怎样产生。

解决智能

让我们来想想，到了我们能制造出思考机器的那一天，我们无法保证在此过程中能"解决"智能。我说"解决"智能的意思是，我们应该提出一套理论，就像物理学家设计出来为宇宙运动建模的那些理论。通过它们，我们可以预测天空中天体的位置，还可以准确地飞到其他行星去。我们需要一种智能理论，既能解释智能怎样从复杂系统里出现，也能让我们构建新的甚至更为智能的系统。

抽象可能会是此种理论的重要组成部分。化学对量子物理学所发现的更精确理论做了抽象概括。在为化学反应建模的过程中，我们并未彻底解决薛定谔方程。反过来，生物学又对我们细胞里的化学做了抽象概括。例如，我们的进化理论不仅仅是DNA遗传学和化学的叙述，它们对其他许多因素做了抽象概括，如地理对种群的影响。任何智能理论，很可能极大地依赖类似的抽象归纳。

在处理更大的复杂性时，其他科学已经退回到更侧重于描述的理论。我们最终可能拥有的是一套描述性而非预测性的智能理论。碰到最糟糕的情况，我们说不定只能提出一种类似经济学那样的主题（在经济学领域，理论甚至不能很好地描述实体经济怎样运行）。同样道理，制造思考机器带来的任何智能理论，可能都无法解释智能。一台能思考的机器，说不定就像其他人的思想那样，是我们不可知的。但愿不会出现这样的情况。

人类的限制

我想用个昂扬乐观的音符结束本章，或许，事实将证明，人类所受的限制，或许对机器并不会成为太大的限制。人类要承受一些强有力的生物学限制。我们的大脑尺寸受到母亲产道的严格限制；我们的大脑相当缓慢，时钟频率约为 10Hz；它在很小的功率下运作，大概 20 瓦；尽管如此，它却消耗了我们身体所需能量的 1/3。相比之下，计算机能以更高的时钟频率运行，具有更大的存储空间、更多的传感器，功率也更强。

人类智能还受到进化的限制。我们的智能是演化出来的。大自然只探索了一条达到人类水平智能的路，没有理由假设演化找到了执行智能的最佳途径。特别是，随着人年龄的增长，我们发现，身体的许多部位，其工程设计都很蹩脚。大多数时候，它们只够让我们挨过日子。演进是一种非常缓慢的进步：要用上几十年才能过渡到下一代。相比之下，对计算机来说，我们可以用更快的速度探索更多的设计途径。

集体学习

还有最后一个领域我想讨论，在这个领域中，人类比计算机受到更多的限制——这就是学习。我们人类必须为自己学习很多东西。你学会了怎样骑自行车，对我学习骑自行车的帮助有限。相反，机器有着分享学习的独特能力。如果一辆特斯拉汽车学会了怎样识别、避开失控的购物手推车，我们可以把这些新的代码上传给全世界的特斯拉汽车，所有特斯拉汽车就都可以识别并避开失控的购物车了。一辆车学习，每辆车都分享到了绩效的提升。而且，这不仅仅指的是如今全世界的所有特斯拉，还包括未来将要生产出的每辆特斯拉。这是一个重要的概念，我已为它起好了名字：共同学习（co-learning）。

共同学习的定义

集体性团体的代理人直接为自己学习，或是间接从其他代理处学习。

共同学习跟集体学习有关，但又不同。社会学家、人类学家和其他一些学者探讨过人类种群通过代际之间的集体学习来进步。相比之下，共同学习指的是群体内的个体进行学习。共同学习涵盖技能和知识。共同学习的时间尺度，远比集体学习的代际知识转移要短。共同学习当然也适合更长的时间尺度。我们现在学到的东西，可以在未来的任何时间点上传到计算机。数字知识与人类知识不同，它从不会腐烂。

想象一下，如果人类可以像计算机一样共同学习会怎样。你能够学会说地球上的每种语言，你学到的东西永远不会遗忘，你下棋下得跟加里·卡斯帕罗夫、李世石一样好，你能像欧拉、高斯和埃尔德什一样轻松地证明定理，你可以写出足以跟莎翁媲美的诗歌和戏剧，你可以演奏任何一种乐器。总而言之，你将拥有地球上任何人拥有的最优秀能力。这听起来叫人战栗，但这就是计算机共同学习的未来。

人类能进行有限形式的共同学习。我们有两种基本机制，其一是口头语言。然而，作为一种共同学习机制，它的局限性太大了——只有在能听到对方说话的距离内，我们才能向对方学习；我们只能共同学习人能够表达的内容。我女儿早就证明，告诉别人该怎么骑自行车，对正在学骑自行车的人没什么帮助。我们拥有的第二种共同学习机制是写作。写作要有效得多，事实上，写作是人类最具变革性的发明之一。写作令我们能在整个人类种群里进行共同学习。一旦你学到新的东西，你可以把它写下来，跨越时空与地球上的其他人分享。没有写作，文明的进步会慢得多。

然而，作为共同学习的机制，写作也有着一定的局限性——它速度很慢。阅读要花时间，写作也仅仅表达的是对所学内容的描述。相比之下，计算机代码可以迅速共享，并立即执行。这让计算机之间的共同学习比人类共同学习有着明显的优势。地球上每部苹果智能手机都能学习、改进其他所有苹果智能手机所用的语音识别代码。每辆特斯拉汽车都可以改善自己的驾驶和其他每一辆特斯拉汽车的驾驶。每台 Nest 智能家居控制器，都能为自己，也为地球上其他的每台 Nest 智能家居控制器学习更高的能源使用效率。下一场即将到来的革命（思考机器的发明）为什么会在速度上出乎许多人的意料，共同学习是原因之一。全球规模的学习，将飞速提高人工智能系统。

围绕人工智能局限性的讨论就到此为止了。我已经讨论了哪些因素有可能妨碍我们发展人工智能，以及计算机受到的限制可能比人类要少的原因。现在，我们要来看看思考机器对人类文明的长短期影响。

第二部分 人工智能的现状

第五章 人工智能的影响

思考机器会以许多不同的方式影响我们。在最高的层面上,它们可能会威胁我们的生存。接下来,它们会改变我们的社会和经济,取代人类目前从事的许多工作。在最低的层面上,它们会为人类所做的每一种活动(从做爱到作战)带来翻天覆地的变化。本章将探讨人工智能在人类、社会、经济、就业和战争方面可能带来的冲击。

人工智能与人类

让我们从重大的风险开始:思考机器有可能会终结人类。人类成为地球上的支配物种,在很大程度上是因为我们的智能。许多动物都比我们体格更大,速度更快,更为强壮。我们运用智能发明了工具、农业,没过多久(从进化的尺度上来看),又发明了蒸汽机、电动机和智能手机等惊人的技术。这些技术改变了我们的生活,使我们主宰地球。智能一直是我们进化的关键部分,以至于我们把它放进了自己的名字里:我们是"智人"——聪明的人。

不足为奇,思考机器(说不定比我们更聪明)对我们的地位造成了篡夺威胁。一如这世界上的大象、海豚和鲨鱼,要仰仗我们的善意才能继续存活下去,我们的命运说不定也要仰赖这些善于思考的高等机器的决定。电影和书籍讲述了邪恶机器人想要接管世界的故事。不过,与其说人类会死在险恶的机器人手里,倒不如说人类更有可能死在不胜任的机器人手里——我们可能会制造出因为犯错而令人类灭亡的思考机器。以下是几种有可能导致我们灭亡的不同风险场景。

风险1：好心办错事

一种风险场景是，超级智能的目标可能设计不力。这种风险可追溯到弥达斯国王（King Midas），他没有清晰地说明自己真正想要的东西（译注：弥达斯国王，希腊神话中的弗里吉亚国王，故又称"迈达斯王"或"迈达斯国王"，以巨富著称。关于他点石成金的故事非常有名，大意是他得到了酒神的报答，获得了点石成金的本领，但给自己带来了巨大的麻烦：他摸到食物，食物变成金子；摸到女儿，女儿也变成了金雕像。）因为思考机器太聪明了，它们达成目标的方式说不定会让我们大吃一惊。假设我们给护理机器人设定的目标是：照顾我们年迈的母亲，让她过得好，过得开心。机器人说不定会作出判断，认为往咖啡里不停地加入吗啡，能很好地实现这一目标——但这肯定不是我们想要的。

风险2：到处都是回形针

就算目标得到恰当的设定，还有第二种风险场景：它可能存在伤害人类的不良副作用。尼克·波斯特洛姆在一个众所周知的思想实验中探讨了这一风险。假设我们制造了一台超级智能机器，并给它设定了目标：尽量多地生产回形针。机器着手制造越来越多的回形针工厂。最终，整个地球上塞满了生产回形针的工厂。机器完全是按照我们的要求做的，但结果对人类来说可不太好。

风险3：它们还是我们？

第三种风险场景是，任何超级智能恐怕都有着包括自我保护、为实现其他目标积累更多资源在内的目标，但这样的目标可能跟我们的生存无法兼容。我们可能希望把机器关掉。我们消耗的资源，超级智能可能认为更适合用来实现它的目标。于是，超级智能说不定会得出结论：为了完成它的目标，最好是消灭我们。"游戏结束，人类。"

风险 4：活动目标

第 4 种风险是，任何超级智能都可以重新设计自己，并设定新的目标。我们怎样确保这些新目标跟人类的目标保持一致？原有系统那些没有坏处的地方，可能在新的系统里得到了放大，对人类非常有害。

风险 5：冷漠

第 5 种也是最后一种风险是，超级智能对我们的命运无动于衷。一如我对某种蚂蚁的命运漠不关心，超级智能对我的命运也一样无动于衷。要是我正在建房子，我才不管会不会破坏了一窝蚂蚁巢。同样地，超级智能可能也毫不关心我们的存在。如果我们碰巧挡了它们的路，说不定就被消灭了。

你应该担心吗

所有这些风险，都建立在我们给予机器足够的自主权在现实世界里行动，故此能够给我们造成伤害的前提之上。事实上，如今更紧迫的风险是，我们已经在给愚蠢的人工智能自主权了。虽说有些制造商想要劝说你相信自动驾驶汽车很安全，但老实说，它们并不那么聪明。而我们却开始让它们在超出其能力范围的环境里获得控制权。2016 年 5 月，加利福尼亚州发生了第一起自动驾驶汽车致命事故。如果卷入此事的特斯拉汽车更智能的话，应该能够看到道路对面正在转弯的卡车。我们真正应该担心的，不是人工智能，而是自主权。我们绝对不应该对智能不足的系统下放自主权。

这些既定风险还主要依赖于超级智能的迅速出现。如果发生这种情况，我们就难得有机会看到问题出现并加以纠正。但如前文所述，出于许多原因，我认为：技术奇点不会出现，更出色的系统需要我们付出艰辛努力，超级智能会缓慢出现。我的大多数同事认为，超级智能至少需要几十年，甚至上百年才有可能出现。故此，我们应该有足够的时间采取预防措施。

这些风险里，有一些对超级智能持有相当蹩脚的看法。如果我给你布置的是制造回形针的任务，而你却为了完成它开始杀戮，我大概可以判断你并不那么智能。我们认为，聪明的人，尤其是有知觉和感情的人学习到了良好的价值观，可以预测自己行为的后果，能明智地看待他人的困境。说不定，超级智能既聪明又睿智呢？

我们最大的风险

在我（以及不少从事人工智能工作的同事）看来，人工智能并非当今人类面临的最大威胁。我怀疑，它甚至连前十大威胁都排不上。还有太多直截了当的危险能轻易摧毁人类，包括人为危险，如全球变暖、似乎永远不会终结的全球金融危机、全球反恐战争以及伴随而来很可能令社会分崩离析的全球难民问题、人口过剩。除此之外，还有外来的威胁，如大瘟疫、超级火山爆发和巨型流星、人体对抗生素的抵挡力越来越强等看似平凡的问题，我也甚为担心。

当然，我们不能排除人工智能向人类提出的生存威胁，但它的概率太小，而且也足够遥远，今天的我们无须为之投入太多资源。我们不能忽视它，我也很高兴看到，针对这些事关生存的担忧，世界各地成立了多家研究中心。我有信心，这是一个我们正出手加以遏制的威胁。然而，我们今天还有其他许多需要担心的问题——人工智能对我们社会造成的影响就是其一。我们对这些问题是否有着足够的认识，还远远不够明了。

人工智能和社会

思考机器将深刻地改变我们的社会。整体而言，计算机尤其是人工智能，对人类的尊严提出了威胁。"伊莉莎"的作者维森鲍姆，在这一辩论中发出了最雄辩的声音。早在1976年，他就认为，人工智能不应该替代那些需要尊重和谨慎的岗位。[1]具体而言，他指的是医生、护士、士兵、法官、警察和治疗师等工作。（考虑到"伊莉莎"带给他的经历，最后一条似乎并不怎么叫人意外。）

遗憾的是，维森鲍姆的警告，没有获得太大的重视。这些群体从事的诸多任务，都有着对应的智能系统正在开发。维森鲍姆对计算机在军事领域可能产生的负面影响尤为担心，他称计算机是"军队的孩子"（我们很快会回到人工智能对战争的影响这个话题上来），他担心的是，计算机缺乏（甚至有可能永远缺乏）同情、智慧等人类特质。

思考机器对社会还有其他的影响方式。在上一章，我提到了它们对隐私的影响以及算法歧视的情况。我们父母和祖父母一代人靠着斗争得到的许多权利即将失去，这一点存在着真切的风险。我们可能并未意识到这些权利正逐渐消失。但有可能，某天我们醒来，发现随着机器接管了从前人类专属的岗位，这些自由有不少都消失了，同等的机会，不再赋予所有人。我们并不是有心给机器编出了歧视程序，而是我们没把它们编写得好到足以避免歧视。

弟兄之海

人工智能还有一个方面,把算法歧视这类问题变得复杂起来,那就是这一领域当前是一片"弟兄之海"(sea of dudes)。这个说法是时任微软研究员的玛格丽特·米切尔(Margaret Mitchell)2016 年所说(她现在谷歌任职)。她强调的是,人工智能研究员只有大约 10% 是女性。其实,更准确地说,这是一片"白弟兄之海"(sea of white dudes)。

遗憾的是,性别失衡始于早年岁月。GCSE 是英国年满 16 岁的在校学生要接受的公共考试。2014 年,参加 GCSE 计算学考试的学生中只有 15% 是女性。两年后,参加 A 级计算学考试的学生,只有不到 10% 的人为女性。在大学和工业界,我们可以为这个问题进行补救,但很明显,我们需要把重点放在动员更多的年轻女性一开始就选择计算学。学生们刚开始选择所需科目的时候,姑娘们就选择了计算学之外的学科。

这种性别失衡对人工智能开发进度是有害的。因为存在这样的问题,有些该问的问题没问,该解决的问题没解决。在人工智能研究领域,其他群体(如黑人、西班牙裔等)代表也不足。这同样有害,而且恐怕没有简单的补救措施。不过,承认问题存在,至少朝着减少未来偏差迈出了第一步。

人工智能和经济学

经济,是我们生活中毫无疑问会受到思考机器改变的一个方面。大多数第一世界国家正在从工业生产转向知识经济,而知识经济的产出不是实物,而是智力商品。思考机器很可能会生产大量此类产品。

80 多年前,英国著名经济学家约翰·梅纳德·凯恩斯(John Maynard Keynes)警告说:"我们正遭受着一种新的疾病的折磨,一些读者可能还没听过这个名字,但在未来的岁月,他们会多次听到——技术性失业。"[2]凯恩斯预测,一个世纪之内,人均产出将比当时高4到8倍。他还预测,工作周将减少到大约15小时,以对此加以抵消,让我们获得更多的闲暇时间。

凯恩斯的增长预测是正确的。自那时以来,在澳大利亚,人均产出提高了6倍,美国的生产率也出现了类似的增长。伴随而来的是,大量工作岗位转出传统行业。1900年,1/4的澳大利亚人在农业部门就业。到2016年,澳大利亚农业占总就业人数的比例仅略高于2%。迟至1970年,制造业工人占总劳动力的28%,现在的比例仅比7%略高。不过,对工作周的长度,凯恩斯却说错了。在大多数工业经济体中,工作周只稍微缩短,大约为35到40小时。

从那时开始,对技术性失业的担忧越来越强。1949年,艾伦·图灵非常明确地说:"我不明白,为什么它(机器)不能进入人类智力通常涵盖的一切领域,并最终以平等的方式展开竞争。"3年后,著名经济学家瓦西里·列昂季耶夫(Wassily Leontief)[3]对技术的影响表达了同样的悲观情绪。他写道:"劳动力将变得越来越不重要……越来越多的工人将为机器所取代。我不认为新兴行业能够把所有想要一份工作的人都雇用下来。"[4]

列昂季耶夫以马匹的劳动力为例,说明技术变革对人类劳动力构成的威胁。随着铁路和电报的发明,马匹劳动力在美国经济中扮演的角色越来越重要。随着美国的发展和繁荣,1840年到1900年之间,马匹数量增长了6倍,全美共有2100万匹马和骡子。马匹或许觉得技术变革带来了安全感:虽说在城镇之间运送人员和信息的岗位逐渐消失,但社会上也出现了新的工作岗位,接替了原先的岗位。它们不知道,这是一种短暂趋势。内燃机的发明迅速颠覆了前述趋势,人口越来越多,国家越来越富裕,马匹逐渐从劳动力市场上消失了。到1960年,全国仅有300万匹马,减少了近90%。20世纪初,经济学家就马匹劳动力未来在经济中的角色进行过辩论,他们或许曾经预测，一如过去，在新技术促成的领域，将出现适合马匹的新工作岗位。这可就错得太厉害了。

1964年3月，对技术性失业的担忧进入了成熟阶段。林登·约翰逊总统收到了来自"三重革命特设委员会"（Ad Hoc Committee on the Triple Revolution）的一份简短而令人震惊的备忘录。[5]诺贝尔化学奖得主莱纳斯·鲍林（Linus Pauling）、《科学美国人》（*Scientific American*）出版商杰拉德·皮尔（Gerard Piel）和日后将要获得诺贝尔经济学奖的贡纳尔·默达尔（Gunnar Myrdal）等杰出人士在该备忘录上签了名。备忘录警告说，技术很快就会造成大规模失业。

从绝对意义上来说，备忘录是错的。大规模失业并未出现。1964年以来，美国经济增加了7400万个就业机会。但计算机和自动化彻底改变了现有的工作岗位，这些岗位需要技能，薪资也涌向了这些岗位。而且，我们不像是已经来到了终点。2015年，美国没有大学学位，年龄在21岁到30岁之间的男性，有差不多22% 此前的12个月里没有工作。20来岁、有高中学历的男性，从前是美国工人队伍里最骨干的构成部分。他们离开学校，找到一份蓝领工作，干上40多年，然后退休。今天，1/5 的这类人没工作，整个群体的就业率下降了10%。这似乎引发了文化、经济和社会的衰退。没有工作，这一群体很难结婚、离开家乡或是参与政治，他们的未来看起来相当黯淡。

多少就业岗位受到威胁

2016年，受人敬重的计算机科学家莫舍·瓦尔迪（Moshe Vardi）在科学促进会年会上明确地说：

我们正进入一个机器几乎能够在任何任务上胜过人类的时代。我相信，社会赶在以下问题到来之前就面对它：如果机器能做人类能做的几乎任何工作，那么人类要做些什么？……在人类劳动遭到淘汰之前，我们必须挺身而出，迎接这一挑战。

一些研究试图更准确地量化这一影响。得到最广泛报道的是2013年牛津大学的弗雷和奥斯本进行的研究。[6]该报告预测，未来20多年，美国47%的岗位将受到自动化的威胁。其他国家也做过类似的研究，所得结论基本上差不多。讽刺的是，撰写报告本身，就部分地自动化了。作者使用机器学习来准确地预测702种不同的工作岗位里哪些能够自动化。通过机器学习，他们训练了一套分类机制，用程序来预测哪些工作岗位会转为自动化。他们先为程序馈送了一套训练集合，里头有70种他们手工标注的能够自动化的工作岗位。接下来，程序预测了其余的632种岗位是否能够自动化。也就是说，就连预测未来哪些岗位会自动化的工作，也部分地自动化了！

就算你同意报告做出的所有假设（我并不同意），你也无法得出很多报纸所做的结论：再过20多年，我们中有一半人都会失业。牛津报告只估计了未来几十年有多少种岗位有可能转为自动化，这并不能直接变成47%的失业率，原因有很多。

首先，牛津报告估计的只是容易受自动化影响的工作岗位的数量。在实践中，出于经济、社会、技术和其他原因，有些岗位不会转为自动化。举例来说，如今我们基本上可以把航空公司飞行员的工作自动化。老实说，大多数时候，驾驶飞机的就是计算机。但在未来一段时间内，社会很可能要求有飞行员待在仪表盘前面，哪怕他们大部分时间都在浏览iPad。我可以很快举出更多的例子，说明报告里预测的一些能够自动化的岗位，实际上不会转为自动化。

第二，我们还需要考虑技术创造的各种新岗位。比方说，我们不会再雇用很多人来从事铅字排版的工作。但我们雇用了更多的人,从事基本上同等的数字工作:制作网页。当然,如果你是个打字员,饭碗被毁了,那么,如果你接受合适的教育,你能够重新对自己进行定位,在这些新行业里找到工作,这很好。可惜经济学里没有一条基本定理曾指出,新技术摧毁多少旧岗位,就创造多少新岗位。过去的情形如此,纯属偶然。一如20世纪的马匹劳动力一例所指出,事情并不总是如此。

第三,一些岗位只能部分自动化,而自动化其实又可能提高我们的工作能力。例如,科学实验领域出现了许多新的自动化工具:基因测序仪可以自动读取我们的基因,质谱仪可以自动推断化学结构,望远镜可以自动化地扫描天空,但科学家们并未因此丢掉饭碗。事实上,较之文明史上的任何时期,如今从事科学工作的科学家都更多了。自动化提高了生产率,科学知识发现得更快了。

第四,我们还需要考虑今后几十年里每星期的工作时长会有些什么样的改变。在大多数发达国家,每星期工作小时数自工业革命以来大幅下降。美国每星期的平均工作时从大约60小时下降到33小时。其他发达国家走得更远,德国工人平均每星期只工作26小时。如果这样的趋势持续下去,我们就需要创造更多的工作岗位,代替缩短的时间。

第五,我们还需要考虑人口统计变化。求职人数肯定会变。许多发达经济体的人口日趋老龄化,如果能够完善养老金制度,我们中会有更多人开始享受退休生活,不再需要为工作烦心。

第六,我们还要考虑自动化带来的经济发展。自动化产生的一些额外财富将通过"涓滴"效应渗透到经济当中,在其他地方创造新的就业机会。当然了,如果你对"涓滴经济学"持有健康的怀疑态度(我就是),这个论点就不如其他论点那么站得住脚。富人花钱跟我们其他人不一样,他们致富靠的就是这个。同样道理,富裕的公司似乎并没有承担同等的税务责任,尤其是从公司获取收入的那些国家。不过，只要对个人及企业课税方式稍作调整，所有人都能受益于自动化带来的生产力提高。

牛津报告确认了据称未来几十年里难以实现自动化的三种工作技能：创造力、社交智能以及感知和操纵能力。但这三种技能，每一种我都无法完全认同。

首先，创造力已经实现了自动化。计算机可以作画、写诗、作曲、创造新的数学，它们做得或许还不如人类好，可能要再过二三十年，才能达到跟人类相当的水平。我会把创造力放到"自动化有难度"这一类下面，而非"除了人类，机器不可能做到"这一类。第二，今天的计算机缺乏真正的社交智能，但人们已经在着手开发能感知我们情绪状态、更具社交智能的计算机了。需要社交智能的岗位能抵挡自动化浪潮，不是因为它们不能自动化，而是因为，在很多情况下，人类更乐意与其他人类互动。和计算机比起来，我们更愿意跟真正的精神科医生说话。至于第三种技能，计算机已经能够比我们更好地感知世界了：它们能察知的波长更宽，精确度更高。不过，操作对机器人来说的确很困难，尤其是在工厂车间之外的不受控环境下。未来一段时间，情况可能不会有太大变化。

牛津报告罗列的确切数字掩盖了一个难以准确预测的事实，那就是：未来几十年，我们到底会有多少人失业。对牛津大学的研究，我举出了若干保留意见。不过，很明显，白领和蓝领都有许多岗位受到威胁。以我之见，失业率可能会增加，但大概是预测的一半左右，也即20%到25%。即便如此，这也是个巨大的变化，我们今天就需要开始为它做好规划。

哪些工作岗位可能会消失

为了让你对未来的变化以及为什么许多岗位会发生变化甚至彻底消失有所体会,我想要逐一讨论一下有可能遭到取代的工作。

作 家

牛津报告指出,作家遭到自动化的概率是3.8%,这听上去挺合理的。在未来当个作家,大概会是份牢靠(虽说薪资不甚丰厚)的工作。这不是因为没人试过让计算机写小说,实际上,2016年3月,计算机写出来的一部短篇小说,通过了日本一项文学奖(吸引了1450份稿件)的第一轮遴选。我想对这项成就的背景多说两句:该奖项允许非人类投稿,该程序获得了自己创作者的大力帮助,后者决定了剧情和人物;之后,程序根据预先准备好的句子和单词撰写了文本。小说的题目很有趣,叫《那一天,计算机写了篇小说》。它的结尾是这么写的:"那一天,计算机写了篇小说。计算机把追求自身愉悦放到了优先地位,不再为人类工作了。"

就算我们认为这样的结局并无预言的意味,作家也有好几个理由,无须为自动化太过担心。首先,如果经济继续发展,我们可能会阅读更多书籍。过去10年,美国出版停滞不前,而在中国,出版业的发展,跟全国经济增长速度大致相同。第二,自动化创造出新的需求。亚马逊的推荐引擎让人能轻松找到有关伦敦圣殿教堂管风琴的书籍,故此,掌握了伦敦圣殿教堂管风琴专业知识的人类作家就有了新市场。第三,我们很可能最喜欢切中人类体验的书籍。要在人写的书和计算机写的书之间进行选择的话,我猜大多数人都会选人写的书吧。

倒不是说自动化不会改变作家的工作。亚马逊等科技公司已经大大改变了出版行业。自出版和按需印刷模式,已经向所有拥有笔记本电脑的人打开了出版之门，而且这些改变远未结束。过去，只有少数作家名利双收，大多数人只能挣扎求生。在未来全新的出版世界中，这种情况可能会继续下去，甚至更糟糕。

自行车修理工

牛津报告认为，自行车修理工遭自动化取代的概率是94%，这纯属胡说八道。未来20到30年里，自行车修理工的工作，连一小部分转为自动化的概率都几乎是零。这一错误揭示了牛津大学研究的部分局限性，以及它对计算机预测的过分依赖（这一点极具讽刺意味）。

首先，牛津大学的研究忽视了就业岗位自动化在经济上是否可行。很遗憾，修理自行车的报酬相当低，人类能够相当廉价地完成这一任务，让它不值得转为自动化。第二，自行车是一辆不规则、需要高精度操作的物体，它有一堆大大小小、弯弯曲曲、零零散散的部件。对机器人来说，修理自行车将是一项巨大的技术挑战，考验了它的物体操作能力。第三，做个自行车修理工，是件很讲究社交能力的事情。我有个好朋友经营一家自行车店，这是个闲逛的地方，人们来这儿寻找骑游路线，聊天讨论最新的零件，说笑话，喝咖啡，谈政治。我们想跟别的人做这些事，不想找机器人。

厨 师

牛津报告把"厨师"工作分为多个类别，包括大厨、主厨（自动化概率为10%），快餐厨师（fast food cook，自动化概率为81%），散点厨师（short order cook，自动化概率为94%），餐馆厨师（自动化概率为96%）。

哪怕是在最好的餐厅，烹饪也都和重复有关系。大多数人不可能有机会每天都在米其林星级餐厅吃饭，但如果有人这么做过，一定会注意到菜单调整得很慢。大多数餐厅都有经常做的招牌菜，厨师的目标是尽可能迅速且廉价地为每一名顾客重现质量相同的菜肴。自动化是实现上述目标的理想选择。

硅谷已经在这个领域实践创新了，机器人比萨饼就是一个例子。在加利福尼亚的门洛公园，Zume 公司使用机器人来预备完全可重复的比萨饼；做好的比萨饼装在一辆有 56 口小烤箱的卡车里，逐一送到顾客家。这节省了大量时间：传统的比萨外卖公司先把比萨做好，再送货。而 Zume 公司用算法算好做比萨的时间，这样，等卡车来到你家门外，比萨正好新鲜出炉。于是，技术让你得到了质量更好、配送更快的比萨饼。还有许多类似的创新也正处于开发之中，如机器人寿司和机器人汉堡。

我怀疑，牛津报告认为主厨和大厨的自动化概率仅为 10%，其他类型厨师的自动化概率却那么高，原因是设计新菜肴需要创造力。可就算从这个角度看，我们也已经发现了一些有趣的创新。IBM 的"沃森"（没错，就是那个赢得了《危险边缘》游戏的沃森！）肩负起了学习烹饪书的任务，学习怎样将食材混合到一起，创造出新食谱。接着，大厨沃森创造性地发明了新菜肴，比如土耳其烤面包配茄子及帕玛森干酪，印度姜黄什锦饭，瑞士泰国芦笋乳蛋饼，等等。大厨沃森的烹饪书（包含了 65 道原始食谱），在亚马逊上得了 4.4 颗星的评分。去看看吧！

司 机

牛津报告将"司机"拆分为出租车司机（自动化概率 89%）、重型卡车司机（自动化概率 79%）、轻型卡车司机（自动化概率 69%）、送货司机（自动化概率 69%）、公共汽车司机（自动化概率 67%）和救护车司机（自动化概率 25%）。这些概率都很高，但我最吃惊的地方在于，有些概率竟然高得还不够。未来几十年，没有任何技术能比自动驾驶汽车更快地取代更多的就业岗位。这一观点得到了有力证据的支持。

这种变化的主要驱动力之一是经济效益。谷歌和 Facebook 等技术公司获得成功，正因为它们可以毫不费力地扩张。那么，对 Uber 这样更像出租车公司而非技术公司的企业来说，情况又是怎样的呢？2016 年 9 月，Uber 开始在匹兹堡街头试行自动驾驶出租车，答案变得清晰起来。有了自动驾驶汽车，公司的发展不再受到司机人数（没有太多人类司机愿意为了低工资工作）的限制。故此，地球上最新出现的工作岗位之一（Uber 司机），说不定也正是最短命的岗位，这可真够讽刺的。

还有其他许多从经济角度支持自动驾驶车辆的论点。大约 75% 的货物运输成本都来自劳动力，而且，法律还限制了卡车司机的行车时间。在大多数国家，卡车司机每隔 12 小时必须休息。相比之下，无人驾驶卡车可全天候行驶。结合这两点事实，我们可以用 1/4 的成本，将公路上运输的货物总量翻一倍。燃油效率也将进一步节省，自动驾驶卡车将行驶得更平稳，浪费的燃油较少。它们还能在其他方面节省燃油。卡车最省油的速度是每小时 72 千米上下，所以，一旦我们减少了劳动力成本，自动驾驶卡车便可靠着开得更慢来节省更多的钱。

用机器换下出租车和卡车司机，将成为未来 20 年里最明显的劳动力自动化事件之一。在我们的道路上，自动驾驶卡车和出租车将在我们的道路上变得司空见惯。驾驶这些车辆不需要大量的技能或训练，故此，怎样重新雇用这些被迫下岗的、技能相对较低的工人，就成了挑战。如果大多数出租车和卡车司机最终失业，社会将面临巨大的冲击。另一方面，如果经济发展情况足够好，能为这些工人找到新的岗位，我们的运气就太好了。

我们不应该太过悲观。自动驾驶车辆能为我们所有人带来乐见其成的经济利益。从前太过偏远的城镇，会因为运输成本的降低而繁荣起来。尤其是在澳大利亚等此前因为偏远限制了经济发展的国家，商品将变得更便宜。我们道路的拥堵状况会得到极大缓解，而且变得更安全。

有趣的是，埃隆·马斯克（Elon Musk），人工智能辩论中反调唱得最响亮的人之一，正在开发自动驾驶汽车。从眼下看来，人工智能带来的最大风险之一，恐怕就是它对劳动力的影响，尤其是跟驾驶相关的工作。我不知道埃隆是否尝出了这里头的讽刺味道。

电　工

牛津报告认为，电工工作遭到自动化的概率仅为15%。我认为可能性还会更低。电工不是重复性工作，而且，尽管这一工作不怎么涉及社交及创造力，但工作环境的不可预测性，能稳稳地守护电工岗位。此外，电工要做的许多任务，对机器人（哪怕是极为昂贵的机器人）的操作技能都构成了极大的挑战。

实际上，人工智能技术的日益普遍，反而有助于保住电工的饭碗。我们的家庭、工厂和办公室里，将出现越来越多的自动化设备。故此，安装和维护这些设备的电工，会有越来越多的工作可干。这项工作还会变得越来越讲究技能，进一步跟自动化拉开了距离。随着设备变得日益复杂，连接越来越多，电工必须掌握组建网络、无线通信、机器人和其他许多新技术。而随着家庭、工厂和办公室变得愈发自动化，设备出问题的情况也会越来越多。所以，电工（以及其他同类工人，如水暖工）的饭碗可能非常牢靠。

农　民

牛津报告认为农民被自动化工人所取代的概率仅为4.7%。农业已经亲眼目睹了大量自动化：工业革命之前，英国约有3/4的劳动力从事农业工作，如今仅有1.5%；其他发达国家的比例也大致相似。我们对农作物，对拖拉机及收割机等机械有了更好的认识，意味着我们能用比以前少得多的人手，种植比以前多得多的作物。故此，问题成了：是否还有更多的收益有待发现。

我猜还有。我们仍然可以用比今天更少的人来耕作，现有机械将进一步自动化。实现拖拉机和联合收割机无人驾驶不是很难。与公路不同，我们可以控制自己的农田，清除人员和其他潜在危险，而且我们可以很方便地对环境进行高精度映射。此外，农业还可以利用自主无人机等其他新技术。

进一步自动化的好处会很大。自主操控的机械可以全天候运转，它可以比人类更精确地工作。我们不再受到农村劳动力日益萎缩的限制，而且，我们可以减少劳动力成本。特别是在像澳大利亚这样的国家，劳动力成本太高，对农业是有害的。2017 年年中，一家不使用任何人力的生菜农场将在日本开张。我预计，在 10 到 20 年里，我们会看到更多使用极少人手，甚至完全不需要人的农场。

警　卫

牛津报告指出，警卫的自动化概率为 84%。一如好莱坞的预测，我们用机器人来当警卫是有很大可能性的。实际上，2013 年 12 月以来，山景城的 Knightscope 公司开始对其 K5 型警卫机器人进行第二阶段测试。该机器人的设计用意是在学校、校园中心和地方社区巡逻。

同样值得记住的是，自动化通过怎样的形式把工作改变为不同的形式。中央监控系统已经改变了警卫的工作。现在，一名警卫可以坐在一排监视器前，完成从前需要 5 名警卫完成的工作。技术要把这种情况再前进一步。计算机视觉系统将监控视频流，要是发生了什么"有意思"的事情，就自动通知警卫。一名警卫可以完成 20 名警卫的工作，这样的话，其余 19 名警卫就丢饭碗了。

理发师

牛津报告显示，理发师自动化的概率为 11%。照我看，0% 还差不多。

和自行车修理工一样，这是一份低薪工作，几乎没有什么自动化的价值。从技术上讲，自动化这份工作有做得到的可能性，但它不会发生。

1975年，澳大利亚最大的研究机构——联邦科学与工业研究组织（Commonwealth Scientific and Industrial Research Organisation，简称 CSIRO）[7]着手研究能够剪羊毛的机器人。1979年7月，ORACE 机器人缓慢地为第一只羊剪了毛。1993年，高速剪毛业有了可行性。然而，事实证明，将这一技术付诸商业化却大成问题。今天，剪羊毛基本上仍是人工完成的。照我料想，理发机器人要想在商业上得到推广会同样困难。

口译员

牛津报告说，口译员的自动化概率是38%。有人认为这个数字太低了。自牛津报告公布以来，机器翻译取得了重大进展。当然，它还有很大的改进余地，尤其是对忠实度有很高要求的领域，如法律和外交方面。目前，机器翻译系统对翻译文本的语义理解极为有限。不过，口译似乎不像是一份人类还能长久干下去的工作。

跟人类相比，机器口译员有如下几点优势。使用人类口译员，你必然会担心自己所说的事情没法保密。你还必然会担心，人类口译员有自己的喜恶偏向（故此无法做到完全公允地翻译）。而使用计算机口译员，没有其他人知道你所说的内容，计算机是不偏不倚的，因此，可能有许多种情况，你都更偏向使用机器口译员。

机器翻译可能有助于维持语言的延续性。如今，每个星期都会有一种语言死亡，这很遗憾。到下个世纪，地球上现在使用的近7000种语言，大概有一半会消失，而汉语、英语和西班牙语会越来越流行。机器翻译软件或许能够减缓这一趋势，因为非说主流语言的必要性减少了。和科幻小说《银河系搭车客指南》(*The Hitchhiker's Guide to the Galaxy*)里写的一样，把一条"巴别鱼"放在耳朵里就行了（译注：巴别鱼，按照小说里的描述，是宇宙中最奇异的生物，体形很小，黄色，外形像水蛭，把它塞进耳朵，你就能立刻理解以任何形式的语言对你说的任何事情）。

记　者

牛津报告认为，记者的自动化概率是11%。这似乎太低了。记者应该担心自己的工作未来会有多少方面转为自动化。过去10年，美国的记者人数已经下降了约40%。与此同时，Automated Insights 和 Narrative Science 等公司设计的软件开始自动撰写文章。2014年，Automated Insights 推出了大约10亿篇计算机撰写的文章。这是一项针对记者的图灵测试，看看你能否判断哪些文章出自人类之手，哪些文章出自计算机。

是人，还是计算机？

弗吉尼亚州夏律第镇，对 W. 罗伯茨来说，星期二是个好日子。在达文波特球场，这位初级投手投出了一场完美的比赛，让弗吉尼亚队以2比0的成绩，战胜了华盛顿队。

华盛顿的27名球员走上本垒，弗吉尼亚州的投手把他们全部干掉了，投出了一场完美的比赛。他将10名击球手三振出局，破了自己的纪录。在比赛的最后一局，罗伯茨把瑞恩·托马斯（Ryan Thomas）投出了局。

弗吉尼亚州夏律第镇，星期二晚上，乔治·华盛顿棒球队在达文波特场只差两分就能打平，可惜在本垒上不敌弗吉尼亚队投手强大的表现，以0比2告负。

GW（7-18）投掉了托米·盖特利，肯尼·奥布莱恩和克雷格·里约恩联手阻挡了弗吉尼亚队，使后者在6轮击球中仅得两分。排名第一的骑士队，全队平均打点达到0.297，每场比赛平均得分在7分以上。

万一你无法判断，我来告诉你好了：第一篇是计算机写的。在我看来，它写得更好。不过，记者的实地工作（比如采访政治家，站在法院外面，在战区猫着腰躲子弹）还不会很快消失。但是，这份工作的事实性环节，比如根据网络收集的数据撰写体育或评论，则会消失。

技术变革让新闻行业的经济状况变得天翻地覆。谷歌等公司已经把报纸的广告收入吞噬了一大部分。而现在，报纸本身也正免费赠送大多数的内容。新闻巨头《华盛顿邮报》从技术企业家——亚马逊公司创办人杰夫·贝佐斯（Jeff Bezos）那里寻找财务安全性，也就很容易理解了。[8] 广告少，收费内容也少，给记者工作带来了更大的压力。结局似乎很难避免：记者岗位会更少，智能算法获得更多的机会。

幼儿园教师

牛津报告显示，幼儿园教师的自动化水平可能达到15%。有趣的是，报告认为，学前班、小学和中学教师的自动化概率低于1%。没有什么明显的理由足以支撑这些数字存在这么大的差异。恰恰相反，有一种观点认为，幼儿园教师需要更强的社交智力和创造力，甚至远远多于中学教师。因此，幼儿园教师受自动化的影响，可能比中学教师更小而非更多。

幼儿园、小学和中学教师的概率差异很大，表明我们应该谨慎看待牛津大学研究中给出的这一预测。它采用的机器学习方法有些不稳定。工作所需技能上的小小差异，有可能造成估计概率上出现较大差异，而判断一份工作是否会遭到技术自动化，概率至多能算是个起点。

即使教师的工作需要大量地面向人，也无法免受自动化的影响。2016年初，美国佐治亚理工学院的吉尔·威尔森（Jill Watson），一门在线硕士课程的助教，和另外8名助教要在网络论坛上回答300名学生提出的10 000个问题。然而，她不是"人"，而是一款程序，根据IBM沃森项目提供的问答部件开发。课程里有一名学生对她的身份表示怀疑,但剩下的学生并未察觉她不是人类。这门课程的题目叫作"知识型人工智能",所以,采用一名人工智能助教也非常合适。

除了这个例子,人工智能还将以其他方式在教育中发挥至关重要的作用。这当然有可能让一些教师失业,但它带来的积极变化兴许会对我们的社会产生更大的影响。人工智能可以为学生提供更个性化的教育,程序有着无限的耐心帮学生梳理例题;它们可以了解到我们怎样学习,并根据这一认识调整到最适合你的教学方法;它们还能帮助我们学习新技能,跟上技术发展的步伐。

律 师

牛津报告显示,律师的自动化概率只有3.5%。雷姆斯和利维进行了谨慎详尽的研究,考察了律师进行的不同活动,认为法律工作有13%的部分可以自动化。这是否意味着未来会减少13%的律师呢?我对此表示怀疑。

这可能是一个自动化将改变工作本身的领域,有待执行的法律工作的数量和已完成工作的质量都有可能提升。判例将得到更详细的搜索,更多的人将因为法律服务变得更廉价而采取法律途径,此类变化可以轻松地消解自动化节省的13%劳动力。

我们已经能看到未来的一点儿端倪了:所有人都能更便利地获得法律咨询。斯坦福大学英国分校的学生约书亚·布洛德(Joshua Browde)开发的一款聊天机器人律师成功地为伦敦和纽约开出的16万张停车罚单进行了抗辩,而且免费。该程序先提出了一连串简单的问题,以判断怎样上诉。停车标志清楚可见吗?标志是不是隔得太远?附近是否有内容彼此矛盾的标志牌?你的汽车登记证是否准确地在付费电话系统上输入了?接下来,它会指引用户完成上诉流程。在更复杂的法律事务上采取类似自动化流程,也只不过是时间问题。如果我们在这件事上选对了发展方向,未来就不仅仅只有富人能玩转法律了。

音乐家

牛津报告认为音乐家的自动化概率只有 7.4%。这一预测罔顾事实:机器制作音乐已有上百年历史了。17 世纪和 18 世纪的许多自动装置都有着音乐方面的用途。事实上,1206 年,伊斯兰博学家加扎利(Ismail al-Jazari)[9]写出《妙器知识书》(*Book of Knowledge of Ingenious Mechanical Devices*),介绍了一支音乐机器人乐队。乐队有四名机器人乐师(分别是两名鼓手、一名竖琴师和一名笛手),坐在湖里的一艘船上。这一精妙的创作,是用来款待皇家宴饮会上的客人们的,它很可能是采用跟音乐盒类似的鼓面凸点来编程的。想想看,在 800 多年前,编程机器人看起来多么神奇呀。

第一台演奏音乐的数字计算机是凯斯拉克,它也是澳大利亚的第一台计算机。那时是 1950 年或 1951 年,数据不太确切,因为这台计算机的设计初衷是做些更"有用的"任务,如预测天气等。它比英国人超前了至少几个月,后者的"法朗尼 1 号"很快也成功地演奏了英国童谣《黑绵羊咩咩叫》(*Baa, Baa, Black Sheep*)。

计算机现在不仅用于播放音乐,还用于创作音乐。2016 年,我在巴黎的索尼实验室的同事弗朗西斯·帕切(Francois Pachet)开发了可自动作曲的机器学习程序 FlowComposer。FlowComposer 按照披头士乐队的风格制作出了一张歌曲专辑。你只需选择风格和曲目长度。当然了,歌词还需要人工填写,但实现自动化大概也只是时间问题了。更有趣的是,FlowComposer 还能交互使用,帮助人类作曲家作曲。因此,可以这样说,它增进而非取代了人类的智能。

尽管取得了上述进步,音乐家应该无须太担心饭碗流失。人类仍然希望听到其他人类的演奏,愿意听那些表达了人之常情的音乐。当然,技术扰乱了音乐行业,音乐数字化了,音乐的制作数字化了,音乐的流通转入了云端。有趣的是,音乐家们的回应是,重新回归演出。如今的乐队靠巡回演出来挣钱,我们回到人的体验上,其他工作也将出现类似趋势。

新闻播报员

牛津报告指出,新闻播报员的自动化概率为10%。2014年,日本研究人员推出了两台人形机器人,能够播报新闻,它们至今仍在东京新兴科学与创新国家博物馆展出,播报有关全球问题和空间天气报告的新闻。不过,我们还要再往前走一段路,才能制造出可以采访政治人物、应对突发新闻的机器新闻播报员。与音乐家一样,我猜,虽然我们可以自动发布新闻,但我们还是喜欢让真正的人来播报新闻。然而,为了节约钱,一些新闻公司恐怕还是会用机器人来代替人类播报员。

口腔外科医生

牛津报告提到,口腔外科医生将自动化的概率只有0.36%。这无疑是该清单上最牢靠的职业之一。牙医的概率为0.44%,任何时候,机器人都不可能取代他们。制造出能够进行口腔手术或牙科治疗的机器人,会是极大的技术挑战。就算我们能制造出这样的机器人,我怀疑,很多人也不会轻易把自己交到机器人牙医手里。

政治家

牛津报告没有考虑政治家。拥有最相近技能的职业大概是神职人员(自动化概率是0.8%)和社会工作者(自动化概率是2.8%)。不过,政客们也别感到自满。[10]2016年1月,马萨诸塞大学阿默斯特分校的瓦伦汀·卡萨尼格（Valentin Kassarnig）训练了一套机器学习系统，为共和党或民主党派撰写政治演讲稿[11]，该系统使用美国国会辩论脚本来训练。距离取代政治代表还有多远，请读者们自己判断吧。

> **一段自动生成的讲演**
>
> 讲演人先生，多年来，诚实但不幸的消费者们有了个案陈情、获得破产保护的能力，合理且有效地免除部分债务。制度应该这样运作，破产法庭评估包括收入、资产和债务等不同因素，判断哪些债务应当偿还，消费者怎样重新靠自己站起来。请支持成长和机会，通过这套立法吧。

采石场工人

牛津报告指出，采石场工人的自动化概率可能达到96%，成为本次报告中最缺乏安全度的职业。理应如此。这是一件危险的工作。在澳大利亚，全国每年有数百人在矿山和采石场中丧命。今天，由于自动化程度的提高，丧生的矿工人数减少到了数十人。但即便是数十人，也是个不小的数字，自动化程度进一步提高只会减少事故。机器人非常适合这样的工作，我们可以把人类从矿山或采石场上彻底替换下来，让机器人承担所有风险。

接待员

牛津报告说接待员的自动化概率为96%。2016年，长崎主题公园附近有一家酒店开张，员工几乎完全是机器人——接待员、门房和衣帽间服务员都是机器人。基本上，劳动力是经营酒店的最大成本，在美国等经济体中，它要占整体成本的40%至50%左右。自动化的经济优势太大了。

和银行、超市和机场一样，我们会这样做的：毫无怨言地，我们不再跟人互动，并开始用接待处的屏幕，自助登记、自助结账；酒店客房将采用无锁安保。人类不再必要了，能达到这一目的的技术已经出现了。毫无疑问，高档酒店仍将继续提供贴身服务，聘用大量员工，但是我们许多人会用自己的钱包投票，更偏爱便宜些的无人酒店。

讽刺的是，清洁工是酒店里最稳妥的工作岗位之一。这份工作太廉价了，不值得费力用机器人来代替。不过，这也构成了一种担忧：在酒店里，只有资质要求最低、薪酬太差的岗位才牢靠。

软件开发人员

牛津报告指出，软件开发人员的工作，自动化概率仅为 4.2%。在某种程度上，这是因为编写代码是一种创造性活动。你需要有能力想办法把问题拆散成为不同的部分，再把解决各个挑战所用的算法协调起来。编写程序的诸多环节都要求人的技能。例如，界面设计需要清楚地理解人们的想法。

新的编程语言将继续开发出来，减轻人类编程员的负担。它们能带来更高水平的抽象，减少认知负担。理想情况下，我们希望能够按规范的自然语言来设计代码。"给我一款程序，管理所有人的年假。""我想要一款能玩《太空侵略者》的程序。"但要实现这一点，自然语言有点太模糊了。

我不期望计算机太快取代人类程序员。随着世界变得越来越数字化，需要编写的程序越来越多，而自动生成的程序还太小、太简单。计算机程序员可能仍然属于地球上最牢靠的饭碗之一。

培训师

牛津报告指出，培训师的自动化概率为 0.71%。最优秀的培训师是有着良好社交技能的人，他们理解怎样调动人来激励人达到目标。培训的这种人事方面，让它成了最稳妥的职业之一。此外，如果自动化从整体上能带给我们更多闲暇时间，我们会有更多的时间去健身房，找私人教练。

不过，技术会威胁到许多私人教练的生计。智能设备不仅仅能监控我们的身体情况，还能给我们提供建议，代替私人教练所做的部分工作。有发展空间的培训师，会是那些专注于工作情感和社交方面的人，他们用机器做不到的方式来激励我们。

裁　判

牛津报告显示，裁判员的自动化概率为98%。从技术的角度来看，这个数字似乎是正确的。我们会看到更多的自动化设备（例如网球所用的鹰眼）辅助完成裁判的工作，它们做得比人类更准确。不过，我怀疑，未来20到30年里，我们需要的裁判会更多。

自动化能帮助裁判更好地完成工作。如果我们真的有了更多的休闲时间，对裁判的需求就更大了。事实上，美国劳工部预计，未来10年，裁判的人数将增加5%。最后，我们或许更希望是人而非计算机来决定胜负，哪怕裁判得到了越来越多的技术的辅助。

兽　医

牛津报告认为，兽医自动化的可能性只有3.8%。这听起来似乎是个好消息。然而，许多国家的兽医学课程是极难入门，也极难完成的。随着人从其他工作岗位上剥离，当兽医可能会变得更加困难。一份工作能免于自动化的另一方面是，该工作的竞争将会增加。经济学家告诉我们，这种效应会拉低工资。所以，就算那些设法保住了工作的人，生活也会变得更艰辛。

修表匠

牛津报告认为修表匠工作的自动化概率为99%。和对自行车修理工的预测一样，这完全不靠谱。从技术上说，修表匠的工作似乎太过精细多变了，难于自动化。这再次表明,牛津报告所预测的结果远非完美。

修理手表是一项小众活动。这项工作是否能够自动化,对自动化给就业岗位带来的整体影响(创造就业岗位或是消除就业岗位)而言无关紧要。一些最常见的工作,比如服务员,可能很安全。但其他许多常见工作,比如卡车司机,显然会受到威胁。

X 光技术员

牛津报告显示,X 光技术员的自动化概率为 23%。自动化能在照 X 光片的技术方面出力,让整个过程更迅捷,但怎样对待病人,让他们恢复正常状态,保持情绪稳定,它帮不上什么忙。不管怎么说,自动化能提高 X 光设备的吞吐量,但这是否等同于减少技术人员,就不太清楚了。有些设备所需的技术员可能会从两名减少为一名,但要我猜,我们不大可能把这个数字变成零。

动物学家

牛津报告认为,动物学家的工作有 30% 的自动化概率。相比之下,其他大多数类型的科学家在 1% 至 2% 左右。有趣的是,动物学恰好是机器学习所用的训练集合的一部分。在初始训练集合中,弗雷和奥斯本将动物学家标注为"不易于自动化"。虽然这套机器学习算法的输入不是 1 就是 0 (易于自动化,或不易于自动化),但其输出的是一个 0 到 1 之间的概率。他们的机器学习程序并不会把输入 0 自动映射为概率 0,或是把输入 1 映射为概率 1。就动物学家的例子来说,机器学习算法把输入 0 映射为了 0.30 的概率。我认为,弗雷和奥斯本是对的,分类机制有误。很难想到出于什么理由,动物学家会比其他生物科学家更容易自动化。

训练集合里还包括了另外几种分类程序给出不同结果的岗位。更确切地说，在训练集合的 70 种工作中，分类机制分类错误的占 7%。例如，训练集合里的服务员，标记是不易于自动化，而分类机制认为服务员的自动化概率为 95%。这一次，我仍然认同训练集合。端着若干盘子穿过繁忙的餐厅，这不是机器人很快能做到的事。就算它们做得到，这也是一份低薪工作，采用自动化太过昂贵。另外，这还是一份极为强调人际关系的工作。如果机器人告诉我们今晚的鱼味道棒，是特色菜，我们会相信它吗？

这些差异表明，我们应该谨慎对待弗雷和奥斯本计算出来的自动化危及的工作岗位预估数字。我们当然不能说美国的就业岗位比澳大利亚的受到更大的自动化威胁，因为该分析认为，美国有 47% 的工作有自动化风险，澳大利亚仅为 40%[12]——这么说只是想让数字显得更准确些罢了。然而，毫无疑问，相当大一部分工作受到了威胁。

从革命中生存下来

从个人层面上来说，从这场革命中生存下来的策略之一，是找一份我所谓的"开放"工作。有固定工作量的属于封闭工作。例如，打扫道路是封闭工作。要打扫的道路，长度固定；一旦机器人可以打扫道路（未来几十年，它们有很大概率能够这么做），道路清洁工人的工作就消失了。相比之下，开放工作会随着自动化而扩展。比方说，科学研究是一项开放工作。对科学家来说，能自动化工作的工具只会帮你做更多的科学研究，你可以更快速地推进知识的疆域。显然，如果你希望从这场革命中生存下来，你肯定想从事开放工作。

一些工作既不完全开放，也不完全封闭。以卡车司机为例。如果我们自动驾驶，送货成本可能会下降，这将扩大经济，创造更多的送货需求。此外，从前太过昂贵的任务能获得可行性。遗憾的是，这很可能只为自动驾驶卡车创造更多工作。人力驾驶太贵,太不安全,无法承担这些新多出来的额外工作。

教育是一个必然会出现改变的领域——教育日益专业化。我们对专业知识越学越多,但专业本身所涵盖的范围却越来越窄。当然,人想要知道的东西也越来越多,所以,我们需要保持专注,推进一切知识领域的疆域。然而,大部分的专业知识也迅速过时,因此,更新知识、学习新技能,成为许多人的终身任务。为了对此作出回应,教育必须减少专业化倾向,它得把不会过时的基本技能教给我们,它应该教会我们怎样在之后的人生里迅速掌握新技能。人工智能会成为这道药方的一部分。大量的开放在线课程(MOOCs),依靠帮助人学习的人工智能机器人,协助人在整个工作生涯中开展自我教育。

机会"金三角"

你应该学习什么样的技能和知识,维持对机器的竞争力呢?我在这里的建议是,要朝着我所说的"机会金三角"前进,占据一个或一个以上的角。一个角里是精通技术的极客,做个发明未来的人。让计算机自己编程,仍然是件极具挑战性的事情;创造新颖的未来,对计算机同样也极具挑战性。做一个能这样做的人。

当然,不是所有人都喜欢编程,也不是所有人都能成为优秀的程序员,这就跟不是所有人都能成为优秀的乐手一样。成为游戏程序员所需的技能,或许牵涉到很大的遗传因素。如果你不是程序员,我建议你去另外两个角。

机会金三角的第三个也是最后一个角,是创作人和工匠。生活里自动化场景越来越多,却有可能让人产生一种反应:对人工制造的东西更加欣赏。事实上,时尚潮流似乎正在迎接这一趋势。地球上最古老的工种,比如木匠这一类，说不定也是最牢靠的饭碗，我认为这相当讽刺。故此，锁定饭碗的另一个机会是开发创造力，学习若干手工技能——制作传统奶酪、写小说、组乐队。毫无疑问，计算机也可以拥有创意，但这对它们仍然是一个存在挑战的领域。此外，社会选择更为重视那些带着"手工制作"标签的东西。经济学家会让我们相信，市场会对此给予回应。

人工智能和战争

战场，是人工智能注定要彻底改变我们生活的一个领域。开发机器人，对军方来说有着诸多吸引力。机器人不需要睡觉，不需要吃饭，可以全天候战斗；使用机器人可以确保人类不受伤害；机器人严格遵守命令，速度快，准确度高。把战场引入人工智能称为第三次战争革命（前两次分别是火药的发明和核武器的出现），也就不足为奇了，这将是我们干掉对手在速度和效率上的另一场巨变。

能杀人的机器人，其技术名称叫"致命性自主武器"。不过，媒体经常使用另一个更令人回味的说法："杀手机器人"。这个名字可能会让你联想到来自同名电影里的"终结者"。其实，如果你还记得电影的故事情节，你会发现，"终结者"是2029年启动的。但现实当中，杀手机器人的启动要简单得多，最多再过几年。以"捕食者"无人机和它所携带的"地狱火"导弹为例。如今，计算机已经取代了人类飞行员，这是一个小小的技术飞跃。英国国防部表示，如今在技术上用计算机控制此类武器已经是可行的了。我表示认同。

不过，杀手机器人的开发，不会止步于捕食者的自主版本。现在的机器人还很原始粗糙，未来会出现一场改善机器人的军备竞赛。终点必然是电影《终结者》所想象的那种可怕技术，好莱坞在这部分上猜得没错。和摩尔定律一样,我们可能看到自主武器的性能呈指数增长。为了提醒我们它将在哪里结束,我把这叫作"施瓦辛格定律"。

挑战之一是杀手机器人将会变得廉价,而且只会变得更廉价。只要看看过去几年无人机价格下降的速度就知道了。它们制造起来也会更容易,哪怕不甚完善。你可以给自己买一架四轴飞行器,外加一部手机、一枚炸弹。接下来,你只需要找个像我这样的人,给你写一款能瞄准、跟踪、干掉敌人的软件就行了。军队会喜欢这一套的,至少最初会喜欢:它们不需要睡觉和休息,不需要漫长而昂贵的训练,损坏了也不需要从战场上疏散。

一旦我们在战斗中使用武器系统,我们必然预料到对方会迅速掌握它,并还治于我方。只要我们的军队想要保护自己,免受这些机器人所伤,他们对此类武器的合法性认识就会有所改变。杀手机器人将拉低战争的障碍,它们让人得以进一步远离战场,从而把战争变成逼真的电子游戏。

自主武器将破坏当下的地缘政治秩序。过去,国家的军事力量在很大程度上取决于经济实力。军事优势取决于国家征募、维持大量士兵的能力。国家也需要以某种方式让部队遵从国家意愿,说服也好,胁迫也好。反过来说,有了自主武器,只需要少数人,就可以控制一支大规模部队。于是,独裁者就更容易把个人意志强加给全国人民。对美国这样的超级大国来说,要在全世界的热点地区巡逻就更为困难了。自主武器将破坏自"二战"结束以来建立的微妙势力平衡,我们的星球将变成一个更危险的地方。

禁止杀手机器人

出于这样的考虑,我认为我们必须对自主武器加以规范。如果我们希望对已经上路的军备竞赛加以限制,就必须在不远的未来赶紧下手。其他许多了解技术的人士也认同这一观点。2015年7月,我帮助拟发了一封公开信,要求禁止自主武器。我们收集了 1000 多位人工智能及机器人研究员的签名，他们分别来自世界各地的大学，以及谷歌 DeepMind、Facebook 人工智能研究实验室和艾伦人工智能研究所（Allen Institute for AI）等商业实验室。今天，这封信已经有超过 20 000 个签名，包括史蒂芬·霍金、埃隆·马斯克、诺姆·乔姆斯基（Noam Chomsky）等著名人物。但在我看来，最值得注意的一点在于，人工智能和机器人领域的许多知名研究员也签了名。

2015 年 7 月的公开信

无须人为干预，自主武器就可选择并攻击目标。例如，这类武器可以包括武装四轴无人机，能搜索、消灭满足某些预设标准的人，但不包括需要人来作出瞄准决定的巡航导弹或遥控无人机。人工智能技术已经达到了在几年内部署此类系统（就算法律上不允许，技术上也是可行的）的程度，而且赌注极高：自主武器被称为火药与核武器之后的第三次战争革命。

有许多观点，既支持自主武器，也反对它。举例来说，用机器取代人类士兵，好处是减少了伤亡，坏处是降低了作战门槛。对人类而言，今天的关键问题是，是要拉开全球人工智能军备竞赛，还是阻止它。如果有重要军事强国推动人工智能武器发展，全球军备竞赛实际上就不可避免，而这一技术轨迹的终点显而易见：自主武器将成为明天的 AK-47。与核武器不同，它们不需要昂贵或难以获得的原材料，故此，它们将变得无处不在，而且十分廉价，因为任何重要军事力量都能进行大规模生产。它们出现在黑市上，落到恐怖分子或者希望更好地控制民众的独裁者、想进行种族清洗的军阀手里，只会是个时间问题。自主武器是完成暗杀、颠覆国家、压制民众、选择性地清除特定种族等任务的理想工具。因此，我们认为，军事人工智能军备竞赛不会造福人类。有许多种方法，都可以让人工智能把战场变得对人类（尤其是平民）更安全，又不成为杀人的新工具。

正如大多数化学家和生物学家对制造化学或生物武器毫无兴趣，大多数人工智能研究员也对制造人工智能武器毫无兴趣，同时不希望有其他人这么做（令公众强烈反对人工智能、妨碍人工智能有望带来的社会福祉）玷污自己所在的领域。事实上，化学家和生物学家普遍支持成功禁止化学及生物武器的国际协议，大多数物理学家都支持禁止空间核武器和激光致盲武器的条约。

总而言之，我们相信，人工智能在很多方面有极大潜力为人类造福，这也应当是本研究领域的目标。掀起一场军事人工智能军备竞赛是个糟糕的主意，应当对无人控制的进攻性自主武器加以禁止。

2015年，在布宜诺斯艾利斯召开的人工智能大会开幕式上，这封信向媒体公布。略微出乎我们意料的是，这一举动成了世界各地的头条新闻。《纽约时报》、《华盛顿邮报》、英国广播公司、CNN等许多主要新闻媒体都对此做了报道，这有助于在联合国和其他地方推动此议题。

但并不是所有人都认为，世界能靠着禁令变成一个更美好的地方。他们说："机器人比人类更擅长打仗。就让机器人跟机器人去打仗吧，人类别掺和了。"在我看来，这些观点经不起仔细审视。我想逐一批驳5种反对禁止杀手机器人的意见，解释它们为什么会造成误导。

反对意见 #1：机器人更有效

机器人肯定会更有效率。它们不需要睡觉，不需要休息和恢复时间，不需要长期训练，也不在乎极寒或极热条件。总而言之，它们会成为理想的士兵。但它们不会更有效，至少现在不成。根据一份针对美军在兴都库什地区反塔利班和基地组织军事行动的调查，10个死于无人机袭击的人，有近9个都不是直接目标。而且，在这个循环里，是人在最终作出生死决定。

人工智能当前所采用的方法，既没有情境意识，也不具备人类无人机飞行员的决策能力。因此，如果无人机完全自主化，统计数据可能会更糟。随着时间的流逝，它们会变得更好，我认为它们必然能够达到甚至超过人类飞行员的水平。届时，针对它们的效力，可能会出现不同的看法。战争的历史，基本上就在于哪一方能更有效地杀死另一方。对人类而言，这通常不是件好事。

反对意见 #2：机器人更符合道德规范

我听到的另一条反对意见是，在战争中，机器人会比人类更符合伦理道德规范。在我看来，这是一条反对禁令中最有趣也最严肃的意见，需要最为全面的考量。在作战带来的恐怖气氛下，人类犯下了许多暴行，机器人可以遵循准确的规则行事。然而，说我们知道怎样建立符合道德的机器人，可谓是异想天开。像我这样的人工智能研究员，才刚刚开始担心人怎样编写程序，让计算机的行为符合道德，光是这恐怕就要用上几十年的时间。就算等我们把这件事做到了，也没有任何计算机不能被人"黑"掉，做出不符合我们期望的行为。

今天的机器人无法按照战争要求，根据国际规则进行区分：如区分战斗人员和平民，并按相应方式行事，等等。机器人战争可能比我们今天打的战争更令人不快。自主武器必定会落在那些罔顾战争规则的人手里，他们会冷血地对机器编程，使之无差别地攻击平民。不管多么令人难受，多么不讲道德，机器人都将是始终遵守命令的完美恐怖武器。

反对意见 #3：机器人可以只对付机器人

在战场这种危险的地方，用机器人代替人类似乎是个好主意，但认为我们能让机器人光跟机器人作战，也是异想天开。世界上并没有哪个专门的地方叫作"战场"。我们在城市里打仗，不幸死在双方交火里的平民太多太多。今天，在叙利亚和其他一些地方，世界仍在哀伤地见证这一点。

今天的战争也往往是不对称的，很多时候，对手是恐怖分子和流氓国家。他们可不会注册参加仅限于机器人之间进行的比赛。没错，确实有人提出，无人机远程释放的恐怖，有可能加剧了当今世界的许多冲突。无人机如雨水一般洒播死亡，他们只能以无差别恐怖袭击的方式来回应。躲在白宫避难所里的美国总统或许可以轻率地认为，战争可以远程进行，讽刺的是，使用无人机作战，有可能让我们更深地卷入部分冲突，不得不痛苦而艰难地做出"派遣地面部队"的决策。

反对意见 #4：自主武器已经存在，且为必需

诚然，世界各地的军队已经在使用具有不同程度自主权的武器系统。许多海军舰艇上的方阵反导弹系统就是自主的，这是件好事。面对飞来的超音速导弹，你没时间作出人为决策来进行自我防御，但是"方阵"（Phalanx）是一套防御系统。我们的公开信并未要求禁止防御系统而要求禁止的是进攻性自主武器。

你可以说，当今的战场上同样存在进攻性自主武器。例如，英国皇家空军的"硫黄石"地面攻击导弹（Brimstone fire-and-forget，发射后自动寻址）就是在目标区域之外，从喷气式飞机或无人驾驶飞行器上发射的。它使用高功率雷达，在指定区域内寻找目标（如附近的非友军等），甚至可以识

别所攻击目标的最佳位置，确保摧毁。它一次性可在空中发射多达24枚导弹，瞄准系统使用算法确保导弹以交错方式击中目标，而不是同时击中相同目标。

但就算已经存在这样的武器系统，也不能成为不被禁止的理由。过去，世界就是这么做的。生化武器是遭到禁止的，尽管大量的冲突中使用过它们。同样，反步兵地雷也遭到了禁止，尽管这样的地雷已经有了数百万枚。这里，我们能够做些明智的事情，赶在自主武器落入坏人手里之前，禁止它们。

反对意见#5：武器禁令不管用

但有人说，虽然禁止这些武器是一件好事，禁令实际上并不奏效。好在历史为这一反对意见提供了几个反例。1998年的《关于激光致盲武器的议定书》，把激光致盲武器挡在了战场之外。今天，就算你前往叙利亚或世界上任何一个战区，你都不会找到这种武器。在世界上的任何地方，都不会有军火公司贩卖这种武器。有趣的是，禁令实施之前，两家军火公司（有一家来自美国）曾宣布打算出售激光致盲武器。而在联合国议定书公布之后，两家公司都再无举动。支持激光致盲武器的技术已经发明出来，你没办法取消了，但为它加上一道封印，足以挡住军火公司的步伐。

我希望自主武器也能如此。技术已经发明出来了，我们没法取消，但如果能把它们狠狠地钉上耻辱柱，它们就不会在战场上部署。照我的想象，对于此类武器，任何禁令都能避免它们的部署（尽管不见得能阻止它们开发）。就算只是部分有效的禁令，也很值得一试。虽然1997年出台了《渥太华条约》，反步兵地雷仍然存在至今。但4000万枚此类地雷得以摧毁，因为误踩地雷而失去四肢甚至丢掉性命的孩子少了许多，这让世界变得更加安全。

禁令怎样发挥作用

如果出现针对自主武器的部署禁令,我认为甚至不需要设立特别的监管机构进行监督。和其他许多禁用武器一样,诸如"人权观察"等非政府组织会出手监督,此外还有外交及财政压力,以及在国际法院遭到起诉的威胁。这些途径足以执行其他武器条约,我希望对自主武器也足够。

我还希望,条约不必对致命性自主武器做出非常准确的定义。联合国《关于激光致盲武器的议定书》并未界定致盲激光的波长或瓦数。同样,1970年的联合国《不扩散核武器条约》也并未正式界定什么是核武器。这可以说是一件好事,因为它能把尚未发明出来的设备涵盖在内。我怀疑,今天很难准确地界定什么是"自主""有意义的人类控制"等外交讨论术语。就算能拿出定义来,也很快会遭到技术的淘汰。

我希望在国际共识下出现一套非正式的含蓄定义。我猜,它将允许当代武器系统(如英国皇家空军的"硫黄石"地面攻击导弹)的使用,但会对更复杂的自主武器类型划出界限,尤其是那些发射后数分钟或数小时内都具备自主性的武器系统。两者之间必定会出现一条线,即使这条线从未得到准确的界定,但我们可以把大多数武器系统清楚地放在线的这一边或那一边。这应该足以让条约具备效力了。

另一项挑战是有些技术可以轻松地重新定位。简单的软件更新,就能把并不自主也不致命的系统变成致命的自主武器。所以,要禁止杀手机器人是很难的。此外,我们想要能促成自主武器的技术,它们跟自动驾驶汽车所采用的技术基本上是相同的,而且大部分已经问世。但只因为某件事很难禁止,并不意味着我们不应该尝试。哪怕是部分有效的禁令,也值得一试。

哪怕有了行之有效的禁令,我们的军队也能够、也应该继续从事人工智能研究。人工智能在军事领域大有可为。比如,机器人可用于清除雷区。我们不应该让任何人拿生命（或手脚四肢）去冒险，这是一件完全属于机器人的工作。再比如，自动驾驶卡车可以携带补给物资通过争议地区。还是那句话，我们不应该让任何人拿性命冒险，去做一件机器能很好完成的工作。人工智能还可以对海量的信号情报进行筛选，帮忙打赢战斗，挽救生命。纯粹的防御性自主武器，如方阵反导弹系统，有很大可能得到继续开发和部署。这些都是有待人工智能完成的好事，但永远不该让机器决定人的生死。归根结底，我们必须铭记、尊重自己的人性。生死抉择必须，也只能由人来定夺。

杀手机器人 @ 联合国

2012 年 10 月，包括"人权观察"（Human Rights Watch）、"第 36 条"（Article 36）和"帕格沃什会议"（Pugwash Conference）等非政府组织发起了"阻止杀手机器人运动"（Campaign to Stop Killer Robots）。[13] 这促使该问题获得联合国的关注和帮助。2013 年 11 月，前联合国秘书长潘基文在《关于武装冲突中对平民的保护》的报告（*the Protection of Civilians in Armed Conflict*）中提及了"杀手机器人"。他的报告就这类系统能否按照国际人道主义和人权法行事提出了怀疑。不久后，在《特定常规武器公约》（*Convention on Certain Conventional Weapons*）的框架下，联合国在日内瓦对禁令的可行性展开了讨论。

公约禁止或限制使用会造成过度伤害、有着滥杀滥伤作用的特定常规武器。公约全名为《禁止或限制使用某些可被认为具有过分伤害力或滥杀滥伤作用的常规武器公约》。目前，该公约涵盖了地雷、饵雷、燃烧武器、激光致盲武器以及战争遗留爆炸物，新武器可通过附加协议的方式加入公约。杀手机器人的禁令，眼下可以指望它。

对自主武器的讨论而言，激光致盲武器的议定书，往往被认为是最有趣的先例。这是针对一种新型武器的最成功禁令。议定书的各方签字国，没有任何人违反它，各国也从未在武装冲突中使用致盲的激光。这也是少数几次在武器还没投入战场之前就下禁令的例子之一。然而，激光致盲武器和致命性自主武器之间有相当大的差异，削弱了把前者视为良好先例的说服力。致盲激光是一种范围极窄的武器，对军队来说，不如自主武器那么有用，那么富有吸引力。

尽管如此，2016年12月，联合国《特定常规武器公约》第五次审议大会上，代表们一致同意，对禁令可行性从非正式讨论转入更为正式的下一步：组建政府专家小组。联合国大会将授权该小组审议这一议题，如各国认同，还将提出禁令草案。情况的变数还很大。目前，唯一对自主武器持有重大正式立场的国家是美国。这或许会让许多人感到意外，因为美国是开发此类技术最活跃的国家之一。

《美国国防部指令3000.09号》规定，自主和半自主武器系统的设计，应允许指挥官和操作人员对"武力的使用进行恰当程度的人为判断"。该指令并未说明"恰当程度"到底是什么意思，此外还有一项附加条款：参谋长联席会议主席或国防部副部长可以批准使用违反该指令的武器系统。

我参加过多次《特定常规武器公约》会议，在我看来，在这一领域掌握了最先进技术能力的诸多国家（如美国和英国以及澳大利亚等亲密盟友）或许偏向于不要禁令，至少近期是这样。这些国家的许多行动似乎是为了拖延任何实质性的结果，我认为这是短视之举。这些国家的一切技术优势，很可能会迅速消失。2015年7月，我们公布了有关自主武器的公开信之后，我所了解到的每一件事，都使我的信念更为坚定：我们必须赶紧行动。

对禁令的支持，来自一些出人意料的地方。约翰·卡尔爵士（Sir John Carr）是英国航空航天公司一家重要的军火商，正对下一代自主武器系统进行原型开发。例如，BAE一直在开发可以跨洋自主飞行的"猛禽"无人机。

然而，在2016年世界经济论坛上，卡尔主张，完全的自主武器不能遵守战争法，还呼吁各国政府为此类武器划出界限。最接近自主武器的人呼吁设立禁令，我认为我们该听取他们的意见。

人工智能的失效

在这个地方思考一下人工智能系统可能会以怎样的形式失效，应该是合适的。它们的失效，有可能跟所有常规程序失效的形式一样，也许是计划不力、说明蹩脚、写得糟糕，或是跟现有系统的整合差。然而，它们也可能以很多新的形式失效。比方说，它们可能会学习不良行为。2016年3月，微软发现了这种情况，他们在Twitter上推出了聊天机器人"泰伊"（Tay）。按照设计，泰伊模仿的是19岁美国姑娘的语言，"她"还会从针对自己的提问中来学习。不到一天，"她"就变成了一个种族主义、厌食、喜欢希特勒的少女。微软立刻把"她"下线了。

微软犯了两个基本的错误。首先，开发人员应该关闭泰伊的学习功能。如果他们冻结了"她"的个性，"她"就不会从那些逗"她"玩的人那里学到这些糟糕行为了。其次，微软应该对泰伊接受的输入和"她"本身的输出进行脏话过滤。显而易见，用户会提交脏话输入，而微软绝不希望"她"输出脏话。好在这件事让微软只稍微丢了点儿颜面。他们不会是最后一家犯这类错误的公司，将来学到不良行为的人工智能系统，会给人们造成伤害。

人工智能系统还可能以其他更微妙的方式失效。例如，它们可能会从带有偏差的数据里学习。20世纪90年代，匹兹堡大学医学中心的一支团队利用机器学习来预测哪些肺炎患者可能会出现严重的并发症。研究的目标是为低危患者提供门诊治疗，把医院资源省下来留给高危患者，但结果令人不安。程序想把一些患有哮喘的肺炎患者送回家，哪怕哮喘患者极易出现并发症。

数据里确然存在这样的模式。但这样做是因为,在现行医院政策下,患哮喘的肺炎患者会直接送到重症监护室。这一政策运作十分有效,相关患者几乎从未出现严重并发症。

人工智能系统的另一个问题是它们往往很脆弱。人类执行任务的绩效,大多下降得十分缓慢,人工智能系统不一样,它们失效起来,会兵败如山倒。对象识别就是一个很好的例子。人工智能研究员发现,只要改变几个像素,通常就足以让许多对象识别系统栽跟头。尽管如此,这种脆弱性也可以变成一件好事。2016 年,卡内基梅隆大学的研究人员开发了一种可穿戴眼镜,击败了大部分面部识别软件。

增强智能

本章的大部分内容,我们一直在讨论机器怎样取代人类。它们注定会在许多工作岗位、许多其他领域(如战场)里取代人类。如果这些活动本身危险或令人不快,我们也许会欢迎"更新换代"。但如果不是这样,上述变化恐怕就不受欢迎了。为了结束本章,我们不妨来考虑人工智能研究的一个目标:实现受人欢迎的改变。

AI 一般是"人工智能"(Artificial Intelligence)的缩写。但如果我们重新引导焦点,也可以说 AI 代表的是"增强智能"(Augmenting Intelligence)。如果我们让人类和机器一起工作,能够比光靠人类或光靠机器做得更好。人类可以发挥自己的优势:创造力、情绪智能、伦理道德和人性。机器也可以拿出自己的优势:逻辑精度高、能够处理庞大数据、不偏不倚、速度快和不知疲倦。别再把机器当作竞争对手了,要把它们看成是盟友。我们双方都能贡献些不同的东西。

对这种共生的效力,我们已经有一些很好的例子了。人类和象棋程序合作，能比单纯的人、单纯的象棋程序下得更好。数学家和计算机代数程序合作，可以比单纯的人、单纯的程序更快、更好地探索新的数学领域。音乐家和作曲程序合作，也能比两者之一更快地作曲，说不定作出来的曲子也更好。

社会福祉

过去几年，人工智能出现了一个下属子领域，专门关注社会福祉问题，对人工智能带来的影响作出回应。和大多数技术一样，人工智能在道德上基本上是中立的，它既可以用来做好事，也能用来做坏事。用它为善还是为恶，我们可以选择。自主无人机识别、跟踪并攻击目标的技术，也可以用到无人驾驶汽车上，识别并跟踪行人，避免发生碰撞。身为科学家，自己的发明被其他人用来做坏事，我们无法阻止，但至少，我们自己可以用它们来做好事。所以，过去10年里，人工智能和机器人研究人员对有益于社会的目标的关注，出现了显著提升。

我在康奈尔大学的同事卡拉·戈麦斯（Carla Gomes）率先进入了"计算可持续性"领域的发展。"计算可持续性"指的是可持续地将计算工具（其中许多是人工智能技术，比如机器学习和优化等）用于解决问题。例如，人们正使用现成的卫星图像，开发可用于预测、绘制发展中国家贫困情况的机器学习方法。第二个例子，康奈尔大学的 eBird 项目使用众包方法，记录世界各地鸟类的生存情况。Merlin 应用程序，同样开发自康奈尔，只需询问你几个问题，就能识别鸟类。第三个例子，仍然是在康奈尔，研究人员着手开发优化技术，调派纽约市区的公共租用自行车，平衡需求。在计算可持续性方面，人工智能还有其他许多令人兴奋的用途，此处无法一一列举。

我的另一位同事，加州大学洛杉矶分校的米兰德·坦贝（Milind

Tambe)率先发展了人工智能的另一个子领域,意在让世界变得更安全。这是一个名为"安全博弈"的领域。它把来自博弈理论[14]、机器学习和优化的概念整合到一起,解决保护港口、机场、其他基础设施,以及野生动物或森林等自然资源的问题。对于所有这些问题,可用的资源有限,不能随时随地提供全面的安全保障。故此,我们必须有效地分配、调派有限资源,同时,考虑到对手的反应,避免太过有规律(使得对方可以预测)。效力意味着我们需要纳入来自优化的设想。和计算机不同,人类的随机性表现超差。因此,要达到不可预知的目的,我们将利用计算机比人类更擅长随机的能力。而要考虑对手的反应,我们会纳入来自博弈理论的观点。

举个例子,洛杉矶国际机场(LAX)的保安巡逻调遣,就采用了相关工具,优化有限人手,最大化抓捕犯罪分子和恐怖分子的概率。再举一个例子,乌干达伊丽莎白女王国家公园的野生动物巡逻队也使用了类似的工具来调遣,优化有限人手,最大化抓捕偷猎者的概率。最后一个例子,洛杉矶地铁的巡逻队伍仍然采用了类似的设想和计算工具,阻止乘客逃票。在安全博弈这一子领域下,人工智能还有其他许多令人兴奋的用处,我不一一列举了。这里,我只想强调,人工智能是用来做好事还是做坏事,人工智能研究社区作出了回应。

研究人工智能带来的影响

针对人工智能影响带来的担忧,另一种更为学术化的反应是,过去5年,专门着眼于相关影响的研究大幅增长。对学术界讲述一个问题,他们会立刻建立起研究中心来深入探索。美国、英国和其他地方的顶尖大学,已经设立了6家此类中心。有好几家已经获得了埃隆·马斯克的1000万美元赠款,启动该领域的研究。

2014年，马克斯·泰格马克（Max Tegmark）在麻省理工学院创办了"生命未来研究所"，成为引导人们关注各类生存风险（包括人工智能）的重要舆论平台。2015年1月，该研究所在波多黎各主办了一次会议，汇集了来自学术界和产业界的诸多顶尖研究人员，以及经济、法律和伦理道德专家。会议的目标是确定最有潜力的研究方向，最大化人工智能的未来益处。这次会议最显眼的成果之一，是获得了埃隆·马斯克的大手笔捐赠。

2015年，剑桥的休·普莱斯（Huw Price）拨款1000万英镑成立了未来智能研究中心，其目标是探索人工智能长期及短期带来的机遇与挑战。该中心将汇集计算机科学家、哲学家、社会学家和其他专业人士，研究下个世纪人工智能向人类提出的技术、实践与哲学问题。牛津大学的人工智能战略研究中心（Strategic Artificial Intelligence Research Centre）也于2015年成立，旨在为政府、产业及其他部门制定政策，在长期最大限度地减少人工智能带来的风险，最大限度地提升其益处。

大西洋对面，2016年8月，伯克利大学拨款550万美元成立了人类兼容人工智能中心（Centre for Human-Compatible AI），聚焦于人工智能的安全性，由另一位知名研究人员斯图尔特·罗素领导。两个月后，南加州大学成立了社会人工智能中心，该中心由米兰德·坦贝联合指导，我在前几页提到过他在安全博弈方面的开创性工作。而卡内基梅隆大学则于2016年11月份拨款1000万美元，成立了伦理与计算技术中心。

最后，我所在的新南威尔士大学，最近成立了人工智能和机器人技术影响中心（CIAIR），该中心有着极强的多学科性质，汇集了来自计算机科学、经济、历史、法律、哲学、社会学等领域的学者，其中心的任务是研究人工智能和机器人长短期的潜在影响。该中心将通过研究、教学、测量和公众辩论等途径，促进有益结果。我们的目标是确保人工智能和机器人安全、成功地为社会造福，为此，我们有意展开多样化的研究、教育、会议、研讨班及其他活动。如果您有兴趣参与，请与我们联系。

对当今人工智能的发展状况，哪些因素有可能限制它，我的分析就到这里。现在，我们转向未来，以及本书主要基于猜想的部分。这一切会结束在什么地方呢？

第三部分

人工智能的未来

第六章 技术变革

说到预测未来,我们可以从过去学到很多东西。这不是人类社会第一次受到技术变革的严重干扰,大概也不会是最后一次。在本章,我将转向以下问题:我们可以从过去的技术变革中,学到哪些有关人工智能未来的事情呢?就算如今对人工智能的预测,只有极少部分正确,我们也将迎来一些社会、经济和生活上的巨大变化。历史能识别出哪些问题有可能随着思考机器的崛起向人类提出挑战吗?

1998年,人文学者兼作家尼尔·波兹曼(Neil Postman)在丹佛发表讲演,提出了他从过往技术变革中确认的五大重要教训。[1]这些教训,以他三十多年来对技术变革史的研究为基础。而我在这里要说的大部分内容,就来自波兹曼的睿智总结。他的五大教训很简单,大多数听上去也分外明显,但这并不能抵消它们的重要意义。

教训一:要付出代价

波兹曼提出的第一条教训是,技术既有所予,也有所取。这是一笔和魔鬼做的交易,很多时候,面对它带来的每个优点,你都能找到相应的缺点,而且,优点并不必然超过缺点。事实上,技术造就的奇迹越多,负面后果也很可能越大。在审视思考机器的时候,我们应当持有这一清醒的认识,因为思考机器听起来就很奇妙。

波兹曼举了几个例子,说明过去的技术变革也曾付出代价。机动汽车给了我们机动能力,缩短了距离。但我们现在呼吸着废气,陷入了交通堵塞的汪洋大海,要应对汽车事故后果(有一些后果是致命的)。随着郊区大卖场慢慢杀死了市中心和它们所维持的社区,我们必须要问:汽车带来的优点,是否真的超过了这些不利之处?印刷媒体是另一项巨大的技术变革。它有助于传播知识和科学社会的发展,但它同样带来了代价。印刷机出力支持了独裁者、不宽容的宗教和种种令人不快的想法。

在问"新技术将会做些什么"的时候,波兹曼指出,我们还应该问,"新技术将抹杀些什么?"他认为,确切地说,提出第二个问题常常更为重要,因为提这个问题的人太少了。我们几乎从没发明过没有缺点的技术,实在要说的话,抗生素和眼镜几乎没有什么负面影响。但大多数新技术都涉及到这样那样的权衡。

思考机器的好处显而易见。它们会在许多智能任务上出力,它们会去完成危险、平凡和不愉快的工作,它们会比人类更有效也更高效地完成这些任务。在深入企业时,我的一些同事会使用一条简单的经验法则:如果你让计算机而不是人类来安排调遣公司的运营,该公司的效率至少能提高10%。除了效率的提高,计算机还增强了我们的能力,让我们在大量任务上变成了"超人"。有了象棋计算机,我们下象棋比从前光靠人下得好多了。有了能查询大量文献的机器助理,医学会进步得更快。机器能增强人类智能的例子还有很多。

但我们要为思考机器付出什么样的代价呢?前文已经提到了一些。它们将接管许多工作岗位:卡车司机、口译员、警卫、仓库拣货员等等,这些都属于机器将要取代人类完成的工作。思考机器还有可能损害我们的隐私,而且,它们可能会表现出歧视,有意或无意地侵蚀我们20世纪奋斗争取得来的许多权利。

还有其他的代价要付。人与人之间的接触可能会减少,在某些情况下,比如照料老人，这恐怕有害。在另一些情况下，它或许能改变我们的生活。较之现实世界，我们中的一些人可能会从充斥着人工智能的虚拟世界发现更多乐趣。不平等现象越演越烈，说不定是另一个代价。机器人的所有者，会变得更加富裕。而其他的人，则将落后得更远。但财富差距的扩大，不一定真的不可避免。我们可以改变社会的经济制度、税收和劳动法，防止这一幕出现。

教训二：不是所有人都会赢

波兹曼提出的第二条是，会有赢家，也会有输家。不同的人，受新技术的影响是不一样的。赢家往往还试图开导输家，说所有的人都是真正的赢家。举例来说，我们许多人都受益于汽车的发明。但是铁匠、修驯马台的工匠、照管马匹的人，可没享受到什么益处。

举第二个例子，哈伯－博施法（通过氮气及氢气产生氨气 NH_3 的过程）为世界带来了廉价肥料，全世界的农民成为直接的赢家，我们许多人也间接地成为赢家，因为我们得到了更为廉价的粮食。可输家也很多。在第一次世界大战中，德国使用该工艺制造炸弹，规避了盟军贸易封锁，而被这些炸药害死的无辜民众，就是输家。

很难想到有什么新技术不曾带来输家。医学或许要算一个输家不多的领域。伴随着抗生素的发明，唯一输家恐怕是极少数感染了耐药性极强的"超级细菌"的不幸患者。除了医学之外，大多数新技术往往都会产生大量的输家（当然也有大量的赢家）。

那么，思考机器出现后，什么人会成为输家，什么人会成为赢家呢？答案取决于未来几十年我们对社会进行怎样的改造。如果我们什么都不做，技术专家会成为主要的赢家。至于我们其余的人，很多都会变成输家，因为技术失业下岗,甚至再也找不到工作——这就包括出租车司机、卡车司机、口译员、仓库分拣员、警卫,甚至记者和法律文书员。但结局不一定非如此不可。如果对税收制度、福利国家、养老保险和教育制度进行正确的改革,把压力全转移到机器人身上,那么,我们所有人都能成为赢家。

教训三:技术内嵌着强大的观念

波兹曼提出的第三条教训是,每一种技术的出现,都伴随着强大观念的出现。这些观念常常是隐藏起来看不见的,但它们有可能导致极具颠覆性的后果。例如,书写带来的观念是:知识可以写下来,知识的分享可以跨越时间和空间。这就颠覆了从前的口头传统,即思想无法跨越时空口口相授。于是,记忆在大多数文化中丧失了重要性,故事日渐湮灭。电报的发明,蕴含着如下观念:信息可以即刻传递到世界各地。我们的视野迅速扩大,全球化拉开序幕。我们今天仍然体验着这一颠覆性观念带来的后遗效应。

那么思考机器的发明隐含着什么样的观念呢?这些想法有着什么样的实际颠覆性后果呢?第一个观念是,不光是人,机器也能够思考。这将破坏我们从前在地球上独一无二的地位,我们将不再是地球上最聪明的生物。哥白尼、达尔文等人也曾对人类的重要感提出了类似的警示。不过,在本例中,人类仍然可以为自己感到骄傲:思考机器是我们创造出来的。故此,冲击可能会得到缓解。

发明思考机器隐含的第二个观念是:莱布尼茨的设想没错,推理的确可以化简为计算,无非是符号的操作罢了。诚然,这些符号可能必须放回现实世界,但不管怎么说,这就是计算机也能做的事。如果这是正确的,它将带来极其深远的后果。它拔高了理性主义(笛卡儿、莱布尼茨等人开创的哲学学派把推理视为获取世界知识的一种途径)。反过来,这提出了事关人类道德和精神生活的深刻问题。

教训四：改变不是渐进的

波兹曼提出的第四条教训是，技术变革往往不是增量变化。也就是说，它给生活带来的改变，不是小幅的、渐进的，它可能彻底改变我们生活的整个生态系统。电视的发明，不光为我们带来了一种对电台加以补充的全新信息广播方式，还彻底地改变了政治和娱乐生态系统。手机的发明，不光为我们带来了一种对座机加以补充的人际沟通方式，还彻底地改变了我们的工作和娱乐方式。这些新技术给生活带来的不是增量变化，它们深刻地改变了生活。

为此，波兹曼警告说，我们必须对技术创新保持警惕。技术变革的后果可能极为庞大，无法预测，基本上不可逆转。他警告说，我们尤其要当心资本家，这些人尝试把新技术用到极限，从根本上改变我们的文化。19世纪的这类例子是贝尔、爱迪生、福特和卡内基等以技术为动力的新生资本家。这些人（很遗憾，这些人全都是男性）推着我们从19世纪进入了20世纪。21世纪，这类人有可能是诸如贝佐斯、布林和扎克伯格等技术专家，他们淘汰旧技术，推出新技术。

那么，思考机器对我们的生态系统会有什么样的影响呢？这本书想要讨论的主要论点是：人工智能会影响我们生活中的几乎每个方面。而且它的效应不是增量式的，而是天翻地覆式的。人工智能将让工业、政治、教育和休闲发生彻底变化。事实上，我们很难说哪个领域能躲过人工智能带来的重大冲击。

教训五：新技术成为常态

波兹曼提出的第五条，也是最后一条教训是：新技术将迅速成为天然秩序的一部分。正如我很难想象飞机、火车和汽车出现之前的世界，最年轻的一代人也很难想象智能手机和互联网出现之前的世界。竟然有过你没法上谷歌搜索问题、等公交时玩《愤怒小鸟》的时代，竟然还有过48小时都没法绕着地球飞一圈、通勤100千米去上班的时代。

波兹曼认为，这种把技术视为天然秩序的一部分的观点，有着危险性。也就是说，人们接受了技术原本的样子，于是很难去修改、规范它。现在，报纸要让人们为了内容掏腰包十分困难，如今的人都期待通过互联网免费获得内容。点对点传输软件Napster也曾在音乐领域造成过类似的危险局面。如今有人说互联网是基本权利，跟获得水和卫生设施的权利相当。

教皇约翰·保罗二世给梵蒂冈天文台主任写了一封信，就这个问题给出了几条很好的建议："科学可以消除宗教中的错误与迷信，让它变得更为纯粹。宗教也可以消除科学里的偶像崇拜和虚假绝对性，让它变得更为纯粹。它们把彼此引入了一个更广阔的世界，两者都能在其中蓬勃发展。"如果我们不够谨慎，技术和它所做的"进步"承诺，就有可能变成虚假并且危险的宗教，跟真正的宗教一样。波兹曼建议，最好是把技术看成是"怪异的入侵者"。新技术不是天然秩序的一部分，而是人类创造力的产物，它们有可能为人类的状况带来进步和改善，也有可能做不到。新技术是用于行善还是作恶，完全有赖于我们自己的选择。人工智能是上述观点的精彩例子。思考机器有可能带来各种结果，有些好，有些坏。我们必须自己去选。

教训六：我们并不知道自己想要什么

波兹曼对技术变革只提出了五条教训，但我想再加一条。人极其不擅长预测技术将把我们带向何方。因此，在期待哪些新技术会成功方面，我们表现得十分糟糕。亨利·福特说过一句名言："如果我问人们想要什么，他们会说，想要更快的马。"[2]

这一教训的例子太多了。我可以再次提到那句据说出自托马斯·沃森之口的话：全世界只要6台计算机就够了。我还可以拿出激光的例子。激光的发明者之一查尔斯·汤斯（Charles Townes）写道：

> 事实是，我们这些从事第一批激光研究工作的人，没有一个设想过它最终能有多少种用途。这说明了一个再强调也不为过的关键点。当今的许多实用技术，来自十多年前的基础科学研究。参与这份事业的人，主要受好奇心的激励，常常对研究要通往什么地方摸不着头脑。对事物性质的基础探索能带来多少实际回报（类似的还有，了解当今的哪些研究途径是技术死胡同），我们的预测能力很糟糕。这引出了一点简单的事实：研究过程中所发现的新观念是真正新鲜的。[3]

很难想象当今会有哪家研究机构划拨一笔研究资金，说要研究光波共振，以求改变购物体验。但激光发明后，出现了条码扫描仪，的确改变了我们的购物体验。激光还改变了生活的许多其他方面，包括手术、焊接、印刷和显微镜。很难想象当年有什么人能预测到研究光波共振为生活带来的变化是这么大。

20世纪90年代初，我的一位在欧洲核子研究中心（CERN）工作的朋友，讲述了一个预测技术变革是多么棘手的故事，很有见地。他的故事涉及万维网的发明。他的研究同行蒂姆·伯纳斯-李（Tim Berners-Lee，没错，就是那位著名的蒂姆·伯纳斯-李）邀请他参加第一款网络浏览器的第一次展示。这是个非常规项目，蒂姆想要通过它让核子研究中心跟其他科研机构的物理学家们更方便地分享信息。我的朋友看了演示，并给出了一些审慎的建议。他告诉蒂姆，软件看起来不错，但考虑到网络连接速度很慢，他提议放弃所有图形图像。事后看来，正是因为伯纳斯-李的浏览器有着图形性质，连孩子都能使用，才带来了日后的万维网。其余竞争的超文本系统，比如只专注于文本的 Gopher，最终都死掉了。万维网之美，在于它的开放性。蒂姆和我的朋友都不曾预测区区 20 年后，网络就可以用来做那么多神奇的事情，实际上，其他任何人也不曾做出这样的预见。

当然，如果我们真能料到，也就不存在吃惊了。但我们至少可以预测到，思考机器会在很多方面让我们吃惊。或许，它们既具有超级智能，也具有超级意识？或许，它们仍然冥顽不灵地没有意识，但这种没有意识的智能让我们有意识的思想大吃一惊？有一点可以肯定：前面的道路既有趣又出人意料。

这次不一样

考察来自过去的教训，或许只能帮上一部分的忙。历史不见得总会重演，从技术上看，这一次会有所不同也有充分的理由。随着工业革命的发生，机器夺走了我们的一项技能：它把生产从人类肌肉力量的限制中解放了出来。但仍然有些事情，只有人类能做到。在即将到来的革命中，机器将会夺走我们最后一项独特的技能：它把经济从我们思想力量的限制中解放出来。机器不会有竞争，因为它们是真正的"超人"。创造财富需要我们做的事所剩无几了，机器全都可以自行完成。

为什么这一次会有所不同，还有一个很强烈的社会原因。原因不在于这一次特殊，而在于上一次太特殊了。当时，世界经历了重大冲击，反而帮助社会适应了变化（真有些讽刺）。紧跟着工业革命，出现了两次世界大战和一次天翻地覆的大萧条，它们为"一次性逆转不平等"（这是当今经济学家的认识）奠定了基础。那一次，社会展现出了应对剧烈变化的能力，福利国家、劳动法和工会出现，教育得到普及。还有一些局部变化，如美国有了《退伍军人法》，英国有了《国民保健服务法》，掀起了巨大的社会变革。我们开始为更多的劳动力提供教育，给他们工作，而不是坐视机器淘汰他们。同时，我们还为大多数人提供了一道安全网，赋予他们经济安全感，而不是在机器淘汰之后把他们送进救济院。

我们希望全球金融危机和其他挑战（如全球变暖等）能带来同样积极的结果。这些问题或许能为改革社会带来必要的冲击，迎接社会思考机器即将带来的革命。但我们的政治家真的有勇气吗？真的拥有远见吗？又或者我们的政治制度能让他们这么做吗？我没有太大的信心。为积极改变创造必要的条件，需要的远远不只是印钱。我们需要考虑对福利国家、对税收制度、对教育制度、对劳动法，甚至对政治制度做根本性的改革。不过，我认为也没紧迫到非要在本书中讨论这些事情。本书的目的是唤起、呼吁改革。

新经济

经济是未来必将发生变化的一个领域。许多工作岗位转为自动化，将对我们的经济产生重大影响。2015年，巴克莱银行估计，哪怕对自动化只投入区区12.4亿英镑，也能使得英国制造业在接下来的10年增加近600亿的收入。他们估计，虽然工作岗位转为自动化的数字提高了，但这笔投资事实上将扩大制造业。反过来，这实际上增加了总就业人数。情况是否的确如此还有待观察。

即使工作岗位未遭破坏,技术变革也降低了饭碗的牢靠性。越来越多的人会在"零工经济"(gig economy)下劳动。Intuit的一项研究预测,到2020年,40%的美国工人为自己工作。技术工人有可能受益于零工经济,收取顾问费用,并轻松地在收入丰厚的零工岗位之间跳来跳去。但不熟练工恐怕会遭到压榨,放弃工作保障、医疗保健和其他福利,只能拿到微薄的薪酬。

不在财政上进行重大调整,这种力量很可能会加剧越来越大的贫富差距。这不是历史上第一次出现这样的威胁。马克思预测,工业革命将使财富过度地集中在生产资料所有者手中。与此类似,这一轮正在展开的技术革命,若没有制衡,有可能将财富过度集中到机器人的所有者手里。

税收是逆转这一趋势的杠杆之一。尤其是,我们需要考虑怎样向富有的跨国大公司收税,它们似乎并没有出够钱。涓滴经济好像并未奏效[4],各国政府恐怕需要考虑怎样更有力度地重新分配财富。另一方面,我们还需要考虑怎样赡养那些收入微薄的人。福利国家是从工业革命里发展出来的。工人得到了安全网,帮助他们应对技术进步带来的失业。我认为,面对即将到来的"知识革命",我们很有必要重新审视这个问题。

钱为人人

技术专家群体里特别流行一个观点,认为应该实行全民基本收入。所有人,无论是就业还是失业,都必定得到收入保障,而这笔收入,至少足以养家糊口。由于目前尚未出现任何采用全民基本收入制度的国家,我们很难判断它是否管用。加拿大和芬兰有过小规模的试验,但无一达到了全民层面,或是执行过足够长的时间,足以推广到整个国家或整整一代人。人们会变得懒惰吗?我们应该如何执行这样的制度?我们怎么可能负担得起它?

要实行全民基本收入，资金需求是很大的。在美国，如果要每年给处于就业年龄段的两亿多成年人 1.8 万美元，国家要拿出 3.6 万亿美元。这跟美国联邦年度预算一样大了。这笔钱必须有新的来源，因为你不能把其他所有的政府支出都砍掉，同时还减少了纳税基数。自动化帮得上忙：它提高了生产率，创造出更多可以征税的财富。即便如此，仍然存在庞大的经济、政治、社会和心理问题有待解决，我们没有太长时间可供构思答案并执行了。

还有人提出了几种不那么激烈的办法来代替全民基本收入设想。其中包括提高最低工资、加强工会和劳动法，通过廉价住房改善劳动力的流动性，将按劳课税转为按资本课税，增加就业培训和再教育资金。这些举措的优势在于，社会无须进行根本性的变革。但这些举措（哪怕加到一起）是否足以应对即将出现的变化，仍是一个悬而未决的问题。

梦游着走进未来

技术变革历史带给我们的最后一条教训是，我们有可能在梦游状态下走进未来。技术发明得很快，但法律、经济、教育和社会却只能缓缓地跟在后面。例如，手机 30 多年前就发明出来，2000 年前后在发达国家市场达到了 50% 左右的饱和度。直到 2007 年，华盛顿才成为第一个确立禁止开车时发短信之类禁令的州。但直到今天，美国仍然有几个州没有立法禁止开车时发短信。法律需要几十年才能发展出台，可新的技术每个季度都在往外冒。

波兹曼把这称为"技术至上主义"，即认为技术比其他任何东西都更重要。对新技术奉行这种态度，会让我们牺牲很多能让生活变得更美好的东西。技术应该是我们的仆人，而不是反过来。我们有能力发明一种新技术，不一定意味着我们应该把它发明出来。新发明的技术可以投入某些用途，不一定意味着我们应该这么做。2016年11月，中国上海交通大学的研究人员展示了怎样用机器学习来区分犯罪分子和非犯罪分子的照片。我们可以做这类的事情，并不意味着我们现在就应该做这类的事情。此类人工智能应用，大有值得商榷缓行的理由。在什么时候、什么地方使用思考机器，我们必须作出谨慎的选择。

第七章 十项预测

我想在本书的这个部分做一场有关未来思考机器的美梦,这个梦涉及的活动范围很大,包括交通、就业、教育、娱乐和医疗保健,它畅想的是2050年有可能是什么样子。为什么选择2050年这个时间节点呢?因为它已经远到足以让我们看到自己的生活发生一些天翻地覆的变化了。事实上,雷·库兹韦尔就预测那时候技术奇点已经到来。一如前文所述,我认为我们2050年不会到达奇点,甚至永远也不会到达奇点。即便如此,我们仍可预见一些重大的变化。

个人计算机革命现在有差不多35年了。IBM的个人计算机于1981年8月推出。次年,光盘推出。1983年,第一台摄像机和蜂窝手机(cell phone)推出。个人计算机、CD、摄像机和手机四者结合,在过去35年里极大丰富了我们的生活,故此,有理由认为,未来35年有望出现同样显著的变化。

如果运气好点儿的话,我说不定能活着见证2050年的到来。当然,同样有可能,我那时早已辞世,如果预测错得离谱,我也无须脸红。万一真是这样,还请诸君放过我——逝者为大嘛。

一个常见的问题是,我们容易高估自己短期内能做些什么,却又低估长期将做到些什么。比尔·盖茨说过:"我们总是高估未来两年会出现的变化,低估未来10年出现的变化。"[1] 一部分问题出在我们对复合增长理解得不够好。进化给我们配备的焦点,是放在短期变化上的;长期变化,特别是多年里的复合变化,人是很难理解的。养老金和赌博行业就证明我们理解不了复合增长和概率。

尽管摩尔定律如今已经正式作废，但到2050年，计算力很可能提高数千倍。届时，有望出现拥有数百PB内存的计算机，以每秒万亿次浮点运算的速度来处理数据。到2100年，计算力可能还要再提高千万亿倍，也就是说，10^{15}（1后头跟上15个0）倍。当然，光有速度和内存，不会带来思考机器，前面已经说过，那只不过是脑筋转得更快的狗。然而，我们还将实现许多算法进步，帮助我们走上思考机器之路。那么，就让我来预测2050年，生活将会发生的10种变化吧。

预测之一：禁止你驾驶汽车

低估新技术引诱我们的速度很容易。10年前，你或许买了自己的第一款智能手机。你恐怕没料到这种设备会在我们的生活里变得这么重要。[2]智能手机基本上取代了日记、相机、音乐播放器、游戏机、卫星导航仪和其他许多设备。据估计，如今全世界有20亿部智能手机。放眼全球，1/3以上的人都拥有智能手机——真不赖，毕竟地球还有一半的人生活在贫困线，每天收入不到2.5美元。出于类似道理，对自动驾驶汽车将带来的变化，我们也很容易低估其速度和程度。

首先，自动驾驶汽车将从根本上改变道路安全性。每年，世界各地有超过100万人死于交通事故。光是在美国，每年就有33 000人死于道路交通事故。想想看吧，如果每星期都坠毁一架满载乘客的波音747，我们一定会呼吁改善航空公司的安全性。美国运输部统计，95%的汽车事故是驾驶员失误所致。我们开得太快，我们酒醉驾车，我们开车时发短信，我们跟着收音机摇摆，我们冒了本不应该冒的险。如果我们把人从这一恶性循环中带出来，就能让道路变得更安全。事实上，汽车制造商沃尔沃就认为，要想在2020

年实现道路交通事故零死亡率这一雄心勃勃的目标，瑞典只能走这条路。

自动驾驶车辆还将从根本上改变交通运输的经济性，以及我们获取的方便性。小孩、老人和残疾人士等群体将首次获得个人机动性。此外，运输成本也将下降。世界经合组织对葡萄牙里斯本的运输需求进行过一项研究，认为如果使用自动驾驶汽车的话，只需要 10% 的车辆，全城就可享受与今天相同的交通水平。

其实，我们的大部分道路是用来存放汽车、等候我们派遣的。据估计，一个城市大约有 1/3 的汽车正兜兜转转，寻找停车位。因此，想想看，如果我们消除这个问题，我们的城市会变得多宽敞呢？我们工作时，可以把车派出去当出租车赚钱。甚至有不少人会放弃拥有私人汽车。汽车是我们花很多钱购买的第二贵重的资产（最贵重的当然是住宅），但它大部分时间都停在路边，慢慢生锈。为什么不直接购买自动驾驶汽车共享公司提供的服务呢？

因此，一旦自动驾驶汽车普及，将为我们带来巨大的利益。事实上，这一幕来得很快。新加坡于 2016 年 8 月开始试行自动驾驶出租车。同一个月，福特宣布打算在 5 年内销售一款完全自动驾驶的汽车。还是在 2016 年 8 月，赫尔辛基在公共道路上试运行了一个月的自动公交。一个月后，Uber 开始在匹兹堡试行自动驾驶出租车服务。2016 年 9 月，无人驾驶公交行驶在里昂和珀斯的街道上。开发、销售自动驾驶汽车的竞赛显然已经拉开了序幕。

15 到 20 年之内，自动驾驶汽车有望承载我们大多数人，这将改变我们的日常通勤。我们可以把通勤时间用来看电影、看书或写电子邮件。我们不再浪费时间在车上，而是将之用来工作或休息，这将为我们的城镇腾出更多空间。许多人说不定愿意住得更远些，搬出越来越贵的城市中心。

随着自动驾驶汽车越来越便利可得，我们在实际驾驶上所花的时间会越来越少。我们会让机器去承担奔波的辛苦。这样一来，我们会逐渐丧失驾驶技能。由于道路变得愈发安全，我们很多人会发现，自己的驾驶执照提前过期了——这也是为了我们自己的安全好。许多年轻人永远无须费事学开车。他们会招来一辆自动驾驶的 Uber，想去哪儿就去哪儿。到 2050 年，公元 2000 年会显得古朴但落伍，就如同 1950 年，人们回首 1900 年马拉车时代所产生的感觉。我们不再驾驶汽车，但我们不会注意到，甚至也不在乎。

预测之二：你每天都看医生

到 2050 年，你每天都从医生那里得到医学建议。不是只有疑病症患者会这么做，而是我们几乎所有人都这么做。那位医生，就是你的计算机。今天的技术基本上已经能这么做了，只是尚未得到很好的整合。

你的健身手表将自动检测许多重要身体指标：脉搏、血压、血糖水平、睡眠和锻炼情况。如果你晕倒了，它会留心你跌倒，打电话叫人来帮忙。你的厕所会自动进行尿液和粪便分析。你的智能手机会定期为你拍照，以便更好地了解你的健康状况。比方说，它会识别出可疑的皮肤黑素瘤，监测你的视力健康。

计算机还将寻找阿尔茨海默病的早期征兆。它将记录你的声音，辨别暗示感冒、帕金森氏症甚或中风的迹象。所有这一切，都将由一款人工智能程序对你进行终身监控，从各个传感器每天记录你的健康情况，诊断许多简单的健康问题，如果碰到较大的问题，就打电话叫专家。

到 2050 年，我们不少人会去进行基因测序，识别遗传风险。到那时候，基因测序便宜又容易，许多人还在妈妈的子宫内就测序完毕了。跟踪你健康情况的人工智能医生可以调取该基因序列，观察你容易患上哪些疾病，这将为医疗保健创造出一个更为个性化的新层面。这将是一桩价值数万亿美元的生意，因为几乎人人都想要活得更长。未来 30 年经济增长的很大一部分，将用于实现这一梦想。私人人工智能医生将掌握我们的生活史，比任何一名医生对医学知识都更了解，而且还能随时跟进所有新出现的医学文献。

我们希望，不光是发达国家的民众能从这些变化中受益，部分第三世界国家的民众，如今甚至会死于一些我们可以用最低成本进行治疗的疾病，人工智能可以为这些患者提供诊断工具。想象一下，如果第三世界的每座村庄都有一台智能手机，可以提供跟看全科医生所得同等质量的医疗建议，那会是怎样一番情形呢？

预测之三：玛丽莲·梦露重返银幕

其实，不光只有玛丽莲·梦露能拍新片了，你自己也能参与这些电影。当然，那不是真正的梦露，而是一个虚拟化身，按照程序像她那样说话和行动。这样的电影是全面互动的，故事发生在哪里，取决于你做什么或说什么。好莱坞和计算机游戏产业将合为一体。电影让我们沉浸在超现实世界里，电影摄制、虚拟和增强现实，以及计算机游戏统一成为娱乐行业。

另一方面，人们会越来越担心真正的现实跟虚拟及增强现实的融合。我们将越来越多的时间花在不存在也不可能存在的世界里，这些虚幻世界将非常诱人。置身其间，我们全都可以是富豪和大明星，我们全都可以美丽又聪明。两相对比，现实世界就愈发令人不快了。那时可能会出现一个沉迷于到虚拟世界逃避现实的下层社会，人把清醒着的每分钟都用到虚拟世界去了。由于这些虚拟世界并不真实存在，还将出现一些人，他们寄居在虚拟世界只是为了去做一些现实世界不可接受的事情。会有人呼吁，现实世界里的违法行为，在虚拟世界也应当是违法的或不可能实现的。还会有人反驳说，虚拟世界就是为了向人提供必要的减压阀。这个问题很可能会给我们的社会造成巨大困扰。

预测之四：计算机能聘请你，也能炒了你

老实说，如果谷歌总部里某个黑暗角落，是计算机正忙着招聘解聘员工，我毫不惊讶。我们已经相信它们能帮人匹配合适的配偶，这可是人一辈子要做的最重要抉择之一呢。实际上，有观点认为，把人和工作岗位匹配起来，难度低于把人们彼此匹配起来。资历和过往经验是人能否适应新岗位的良好指标，但要判断人是否适合一段亲密关系，就很难获得类似的客观证据了。

然而，计算机不会止步于作出招聘或解聘决策。在你受聘上岗期间，计算机还将接管诸多管理你的任务。程序将为你的活动进行时间安排，批准你的假期，监控和奖励你的绩效。高管可将计算机释放出来的这些时间，更多地用于追求公司的战略及长期目标（至少应该这么做）。2016年12月，全球规模最大的一家对冲基金（管理着超过1000亿美元的资金）桥水联合（Bridgewater Associates）宣布了一项自动化公司日常管理（包括招聘、解聘及其他战略决策）的项目。该项目由大卫·费卢奇（David Ferrucci）主持，他以前曾负责IBM旗下"沃森"的开发工作。

类似这样的项目，提出了一些道德问题。我们应该把招聘和（尤其是）解聘决策交到计算机手里吗？在哪些地方授权机器作出决策，尤其是那些能从根本上影响人们生活的决定，我们需要划出界限。我小时候很喜欢科幻小说作家阿瑟·克拉克，他的预言式写作激发了我开发思考机器的渴望。说到赋予机器解聘人类的职责，我很想引用他在《2001太空漫游》里说过的一句名言。我们必须学习什么时候对电脑说："对不起，我不能让你这么做。"对机器而言，能比人更好地完成一项任务，这还不够。有一些决定，我们就是不应该交给机器去做。

预测之五：你对着房间说话

让我做一个更积极的预测。你会走进一间房，大声说："开灯。"接着你或许会问："我接下来的安排是什么？"或者，"昨天晚上的足球比赛谁赢了？"你指望房间里的某样东西作出回答，可能是电视、音响，甚至冰箱。无论是哪种设备，它都能利用你的声音模式，验证你的私人日记访问请求，琢磨出你是谁，并理解你想查询的足球比赛是哪一场。

少数人会加以抵制，有意识地效法不联网的19世纪式生活。但我们大多数人会喜欢让家里所有设备都联网带来的优势。我们的冰箱、烤面包机、烧水壶、浴室、门锁、灯、窗户、汽车、自行车和花盆都将上网连线。到2020年，预计将有超过2000亿台设备接入"物联网"。每个活着的人都拥有数十上百台设备。由于不少此类设备并没有屏幕，口头语言就成了天然的界面。

物联网背后的操作系统，是人工智能。过去几十年，计算机的操作系统，也就是你和硬件之间的软件层，发生了显著变化。最开始，用户必须跟物理硬件交互，按下开关，连上插头。为了让机器运作起来，你必须理解机器在什么样的硬件上运行。但在那之后，操作系统让我们越发轻松地与计算机交互了。

到20世纪70年代，计算机不再那么"极客范儿"了。我们许多初露头角的程序员都开始在MS-DOS、CP/M和Unix等命令行系统中获得经验。你键入的命令差不多是有意义的，比如"cp"即可复制文件。到20世纪80年代，计算机转为使用诸如Mac OS和Windows之类的图形界面，你可以移动鼠标并点击。要删除文件？把它拖进垃圾桶，一切再简单不过了。计算不再是极客的专属品了，任何有鼠标的人都能做到。

20世纪90年代，计算之间的联系变得更紧密了。互联网起飞，浏览器称王。事实上，谷歌已经制造出了一整套操作系统，也即 Chrome OS。再近一些时候，计算嵌入了移动设备，专注于智能手机应用程序。下一场革命将是对话式操作系统。谷歌助理、苹果的 Siri 及其继任者，将成为这些全新操作系统的基础。不需要再打字，也不需要指指点点，你只需说话，设备（借助云端）便将为你执行复杂的任务。

于是，我们与设备交流的界面消失了，替代它的将是对话。随着我们从一个房间进入另一个房间，从房间进入汽车、进入办公室甚至躺到床上，这些对话将继续下去。谷歌、微软、Facebook 和亚马逊等公司恐怕会是未来的赢家，因为网络效应极为庞大：我们希望这些对话可以贴身跟随自己。但也会有输家。我们的隐私、多元化和民主将面临挑战。每个房间都能听到我们的话，国家安全局和其他情报机构再乐意不过了，营销人员也喜欢看到我们日常生活的所有数据。所以，下一次如果有人要你检查自己的隐私设置，仔细想想自己可能放弃了些什么吧。

预测之六：机器人抢银行

到 2050 年，会有一家大型银行遭到机器人抢劫，它不是破门而入，或是从天花板上垂降下来；它会是"软件机器人"，以电子方式偷偷摸摸地进入银行系统；它能叫数亿美元凭空消失。迄今为止，许多网络犯罪的技术水平还相对较低。攻击者从不知情的用户那里窃取密码，恶意软件要靠防范意识不强的员工点击可疑链接来下载。人工智能将改变这场博弈，但此事有喜也有忧。会出现更智能的软件保卫系统。但随着攻击越发智能，防御软件不得不加快升级的步伐。

2014 年，DARPA 发起了网络超级挑战赛，开发能够实时自动发现、纠正软件缺陷的防御系统。2016 年 8 月，来自卡内基梅隆大学的梅姆团队

（Mayhem team）在全球规模最大的年度黑客大会DEFCON 24上获胜，夺得200万美元的奖金。此次年度黑客大会共有7支队伍参加，共计96轮比赛。这是一场热门黑客游戏，团队必须保护自己的数据，同时尝试访问其他团队的数据，只不过，这一回，参赛团队不是人类而是自主程序。之后，梅姆又在DEFCON 24上跟人类黑客一较高下，得了最后一名（虽说它曾短暂领先过几个人）。但到2050年，我不敢打赌人类还能赢。人工智能黑客能比人类黑客速度更快、更彻底地运转，而你唯一的防御也只能是人工智能程序。

DARPA为这次网络超级挑战赛投入了数百万美元。对自主网络防御，他们的着眼点主要不在于民用目的。战争正转入网络空间，美国军队需要保持领先地位。但民用领域也会迅速发展同类技术。据说，俄国人为了影响美国2016年的总统选举发起了黑客入侵，已经示范了此类网络攻击带来的冲击力。防御系统采用人工智能获得的诸多优势，攻击系统很快就能学到，这是一大挑战。银行别无选择，只能投资于越来越复杂的人工智能系统来抵挡攻击。

预测之七：德国队输给机器人队

这项预测的第一部分是，2050年，德国将再次在足球世界杯上夺冠。迄今为止，德国人已经夺得了5次世界杯冠军，比巴西少一次。但跟巴西人不同，他们的球星还处于上升期。作为2050年的世界冠军，他们要参加一场表演赛，结果会输给一支机器人队伍。

相较于人类，机器人具备大量优势。它们拥有超一流的球技，它们能以更准确的速度传球，它们每次都能扑出罚球，它们随时都能知道其他队友的准确位置。它们会观看历年来录制下来的每场世界杯比赛和预选赛，了解比赛策略，将这些知识运用起来，获得极大优势。就类似2014年德国队和巴西队在半决赛上相遇,德国队以 7 比 1 的比分大幅获胜。就算是机器人队的球迷,也会请求给人类足球队选手叫暂停。

足球运动员不必担心这场表演赛的结果如何。大多数足球队仍然会由人类球员组成。没有太多人想看机器人跟机器人打比赛,尤其是等机器人比人类踢得更好的时候。但人工智能将改变人类足球及其他大部分比赛。教练和球员都会依赖机器学习和优化算法,更好地训练球员,为打比赛提供更好的策略建议。数据科学家将成为足球俱乐部薪水最丰厚的部分成员。来自曼彻斯特联队的球探会到牛津大学、帝国学院和爱丁堡大学等地溜达,招募有潜力的年轻计算机科学家。

预测之八:全球各地穿梭着无人驾驶的船只、飞机和火车

到 2050 年,完全没有人操控的船只、飞机和火车,将穿梭在全球的海洋、天空和轨道上。牛津大学的研究认为,船长、大副和飞行员的自动化概率仅为 27%。我怀疑这太低了。在 2016 年,劳斯莱斯海事分公司的总裁预测:"自主航运是海运业的未来。智能船舶的破坏性一如智能手机,将彻底改变船舶设计和运营的格局。"

对卡车或飞机来说,有些决定需要在分秒之间作出,但在船上,时间就长得多了。因此,事实有可能会证明,自主操纵船只比驾驶汽车或飞机更容易。除了安全性提高之外,自动驾驶还将带来明显的效益。现今用于搭载船员的空间,可用来堆放货物,船只永远不需要等待新船员的到达。运营成本将会下降,就跟无人驾驶的卡车一样。

到 2050 年,还将出现大量的自主货机。和道路不同,空域是受到严格管制的。这样一来,将任务转为自动化执行会更容易。此外,飞机本身的自动化程度就很高,只需要很短的时间就能完全消除人类的存在。货机不用考

虑乘客的性命安危，监管机构很快就能批准这一自动化转型。另一方面，载人飞机可能会继续由人类驾驶。但等货机安全飞行数十年，想来会出现一场场辩论：航空公司的飞行员仍然需要由人类担任吗？

如今，许多轻轨、城市及地铁系统采用了自主运行。长途铁路自动化更具挑战性，需要用几十年时间转型。英国力拓集团（Rio Tinto）正在开发世界上第一套完全自主的重载远程铁路系统，运输产自西澳大利亚皮尔巴拉地区的铁矿石。2014 年，力拓就开始测试它的 AutoHaul 技术。2016 年，该技术仍然存在部分问题，但等到 2050 年，应该早已解决。届时，大量其他长途铁路也为自主运行。例如，德意志银行计划在 2023 年之前运行长途自动驾驶列车。自主轨道交通，将带来更大的安全性，提升吞吐量。所以，以后的小孩子们不再希望长大后成为火车司机，许多人甚至会忘了人类也曾驾驶火车。不过，老年人还是挺怀念列车由人驾驶的岁月——就跟我们如今回望蒸汽机车的年代一样。

预测之九：电视新闻不再由人类制作

到 2050 年，会出现一套无人参与制作的夜间电视新闻节目。其实，和我的其他一些预测一样，这条预测的近乎所有部分已经就绪了。只不过，还没有人把所有东西都整合到一起。让我们从记者撰写新闻的这部分工作入手吧。前面，我介绍过计算机自动撰写简单的体育和金融消息。随着技术的进步，计算机还将撰写出更复杂的故事。

接下来是新闻编辑的工作，判断跟踪哪些新闻，播放哪些新闻，怎样放到节目里。2016 年的里约奥运会上，《华盛顿邮报》试用了 Heliograf 系统；它使用人工智能来自动编辑报纸的新闻博客。在未来的 35 年里，这些系统将普遍应用到平面媒体、电视和电台新闻编辑室。

接下来，我们转到主持人的工作上：播报新闻。我在前文介绍了2014年日本研究人员开发的两台新闻播报机器人。最近，上海东方电视台开始尝试用微软的一款聊天机器人播报早间新闻节目的天气预报环节。最后是摄像师的工作，也即负责拍摄新闻的人。许多摄影棚现在都使用机器人摄像机来完成这项工作了。

随着新闻机构降低成本的压力越来越大，新闻节目最终完全无人制作的情况似乎不可避免。以这种方式制作出的节目，跟我们今天看广播新闻所期待获得的产品价值是一样的。但它将成为"窄播"，也就是说，我们每个人所观看的新闻节目将按照自己的特定喜好量身定制。

媒体老板会很喜欢无人新闻编辑室（尤其是再没有了昂贵的新闻播报员）带来的经济性，但人们将就算法偏倚继续展开辩论，尤其是届时人类已经不再自行判断想要看什么新闻。我们观看世界的镜头和角度，塑造了我们的观点。这些算法会向我们提出足够的挑战吗？它们真的关心我们所关心的东西吗？它们能够充分理解谎言和欺骗吗？我们哭泣时，它们会哭吗？又或者，它们给我们带来的娱乐，比以前我们自娱自乐时效果更好吗？

预言之十：我们死后继续"活"下去

用这一预测来作为结束似乎很合适。其实这仍然离今天的现实不太远。在2016年，尤金妮亚·库伊达（Eugenia Kuyda）用自己最近过世的朋友罗曼·马祖连科（Roman Mazurenko）的文本训练了一款聊天机器人。罗曼的一位朋友说："真正叫我吃惊的是，它说话的措辞完全跟他一样。你可以判断那就是他在说话。"罗曼的母亲补充说："我对自己的孩子有太多不了解的地方。但现在，我可以读到他对不同主题的想法，我反而越来越熟悉他了。这带给我一种他此刻仍然在世的错觉。"

人工智能会取代人类吗？

到 2050 年，人过世后留下这样一款人工智能聊天机器人会成为普遍现象。它会像你一样说话，知道你过去的故事，在你死后安慰你的家人。有些人或许会给自己的聊天机器人布置任务：读出遗嘱，分配遗产。还有些人有可能会利用这个机会来解决一些私人的"往日恩怨"。还有很多人会十分谨慎，尽量避免引发更多的悲伤。事实上，我们中甚至会有人给自己的聊天机器人编程，用幽默来化解这一刻的哀痛。

这些"数字分身"还将代替活人出场。名人将使用聊天机器人来创建社交媒体账号，在 Facebook 上回复信息，发推文回应新闻事件，到 Instagram 发布照片和视频。我们中许多人会把生活的各个方面交托给此类的聊天机器人，它们会管理我们的日记，组织会议和社交活动，回复电子邮件。

有一条安在谷歌首席经济学家哈尔·范里安（Hal Varian）头上，但实际上出自安德鲁·麦卡菲（Andrew McAfee）的规律这样指出："预测未来的一个简单办法是观察今天的富人拥有些什么；中等收入人士在未来 10 年里能拥有同等的东西，而穷人则再过 10 年也能拥有。"如今的富人让私人助理帮忙管理自己的生活，到了未来，我们其他人将得到数字助理的帮助。如今的富人有私人司机，到了未来，我们中的许多人可以开上自动驾驶汽车。如今的富人有家族财富管理办公室管理资产，到了未来，我们其他人将让机器顾问管理自己极为有限的资产。

范里安提出的规律表明，今天的富人能享受到的隐私待遇，我们其余人日后也能享受到。在我看来，有这样的可能，但可能性并不大。我们已经能够通过非常强大的加密技术保护自己的电子邮件和语音邮件。但我们大多数人根本懒得费这个心，我们使用的许多"免费"服务实际上就是靠我们的数据来"买单"的。如果你不花钱，你就是产品，这对算法而言一点儿也不假。

对身前身后的生活进行数字外包，这必将引发激烈的辩论。要是有人工智能假装成你，你该采取什么样的补救措施呢？我们有权知道跟自己互动的是一台计算机而不是一个人吗？政治对话是否应该禁止使用人工智能机器人？

2016年的美国大选为我们提供了一个前瞻的机会，观察此类技术会把我们带到什么地方。此外，它还提出了其他许多令社会不安的问题。比方说，你死后，谁能关掉你的人工智能机器人？如果你的机器人煽动种族主义或性别歧视，该由你负责吗？这类机器人享有言论自由吗？未来会很有意思的。

尾 声

我希望这本书能够就人工智能来自哪里,今天走到了什么地方,未来将带着我们走向何处等问题给予一定程度的解答。站在 21 世纪末回首今天,我们想必会把思考机器的开发视为人类最伟大的科学成就之一。这将是一场冒险,和我们过去尝试过的其他所有冒险一样大胆,一样充满雄心壮志。一如哥白尼革命,它将从根本上改变我们对自己在宇宙中的定位。这甚至可能是我们最后一次伟大的冒险,在那之后,思考机器有可能接管我们推进知识疆域的冒险工作。

思考机器说不定是我们留给后世最大的遗产,能给人类生活带来如此重大影响的发明并不多。思考机器将掀起一场社会革命,堪与工业革命相媲美。蒸汽机释放了我们的肌肉,计算机将解放我们的头脑。我们的生活几乎没有任何一部分,不受这场革命所冲击,它将改变我们的工作方式、玩耍方式、教育孩子的方式、治疗患者的方式、照料老人的方式。

当今世界面临许多挑战:全球变暖、全球金融危机的持续(可能永无止境)、全球反恐战争、新出现的全球难民问题。我们所有的问题好像都是全球性的。人工智能又新增了一项挑战,它威胁着我们的工作岗位,从长远来看,甚至威胁着人类的延续。但我们也应该牢记人工智能的潜力,思考机器说不定有能力帮助我们解决一些重大挑战。

这带来的结果最终是好是坏,在很大程度上取决于社会本身怎样适应人工智能技术。这既是科学家和技术人员的任务,也是政治家、剧作家和诗人的任务。在天鹅绒革命中,剧作家瓦茨拉夫·哈维尔(Václav Havel)出力对捷克斯洛伐克做了天才的引导。我们将需要拥有这般眼界、拥有如此远大志向的人指引我们完成这场信息革命。

这些变化可能会带来许多严肃的挑战。最严肃的挑战或许是经济层面的。如果无人把关,思考机器将把财富集中到最方便接触此类技术的少数几家公司和个人手里。托马斯·皮凯蒂(Thomas Piketty)等经济学家已经提出了一个强有力的例子:如果资本回报率超过经济增长率,资本主义经济中的不平等现象就会加剧,在我们经济史的大多数时段,情况都是如此。全球化和全球金融危机等其他发展趋势,也为不平等现象加剧出了力。除非我们采取纠正措施,否则,人工智能只会进一步加剧不平等,把财富集中到少数人手里。

向大众说明未来可能会是什么样子,是科学家的一大责任。如本书所述,人工智能可以带来许多美好的未来,它能让我们更健康、更富有、更快乐。许多批评者说得也没错:人工智能或许会带来糟糕的未来,它可能会破坏许多人的生计,让战争打得更激烈,剥夺我们的隐私。然而,未来并非必然。如果我们什么都不做,结果可能不会好。很明显,在这一历史关头,许多力量正推动我们朝着不利的方向走。地球在变暖,不平等在加剧,隐私遭到侵蚀,我们现在必须采取行动扭转这些趋势。现在还不算晚,但也没有时间可以浪费了。

从社会的角度来说,我们必须对一个重要问题作出决定:我们应该把哪些决定交托给机器?我们可以把许多决定交给自主技术。有些技术能让我们的生活变得更美好,提高生产力,改善健康,增强幸福感;但有些技术却会让我们的生活变得更糟糕,增加失业率,削弱隐私空间,挑战人类的道德观。就算机器能够作一些比人类更出色的决定,我认为,始终有一些决定是不能放手给机器的。技术是一种奇异的外来侵扰之物,我们应该只欢迎那些能丰富我们生活的技术。

我想,用拉开本书序幕的人的话来结束本书再恰当不过了。1951年,艾伦·图灵在BBC三台(BBC's Third Programme)的一套节目结束时说:

关于这一主题的讲演或文章,习惯用这样一句话来向人表示安慰:也就是某一具体的人类特点,机器永远无法模仿……这样的安慰我给不了,因为我相信,这样的界限定不下来……但我也相信,努力制造一台思考机器,极大地有助于我们洞察自己怎样思考。

参考书目

[1] J.S. Aikins, J.C. Kunz, E.H. Shortliffe, and R.J. Falat. PUFF: An expert system for interpretation of pulmonary function data. *Computers and Biomedical Research*, 16:199–208, 1983.

[2] P. Allen and M. Greaves. The singularity isn't near. *MIT Technology Review*, pages 7–65, October 2011.

[3] I. Asimov. *I, Robot*. Gnome Press, New York, NY, USA, 1950.

[4] D. Autor. Polanyi's paradox and the shape of employment growth. Working Paper 20485, National Bureau of Economic Research, September 2014.

[5] H.J. Berliner. Computer backgammon. *Scientific American*, 242(6):64–72, June 1980.

[6] N. Bostrom. When machines outsmart humans. *Futures*, 35(7):759–764, 2002.

[7] N. Bostrom. How long before superintelligence? *Linguistic and Philosophical Investigations*, 5(1):11–30, 2006.

[8] N. Bostrom. *Superintelligence: Paths, Dangers, Strategies*. Oxford University Press, Oxford, UK, 2014.

[9] L. Carroll. What the tortoise said to achilles. *Mind*, 4(14):278–280, 1895.

[10] D. Chalmers. The singularity: A philosophical analysis. *Journal of Consciousness Studies*, 17(9–10):7–65, 2010.

[11] D. Cole. The chinese room argument. In *The Stanford Encyclopedia of Philosophy*. The Metaphysics Research Lab, Center for the Study of Language and Information, Stanford University, 2004.

[12] S. Colton, A. Bundy, and T. Walsh. Automatic invention of integer sequences. In *Proceedings of the 17th National Conference on AI*. Association for Advancement of Artificial Intelligence, 2000.

[13] E. Dabla-Norris, K. Kochhar, N. Suphaphiphat, F. Ricka, and E. Tsounta. Causes and consequences of income inequality: A global perspective. Technical report, IMF, June 2015. SDN/15/13.

[14] B. Darrach. Meet Shakey, the first electronic person. *Life*, 69(21):58 – 68, 1970.

[15] P. Domingos. *The Master Algorithm: How the Quest for the Ultimate Learning Machine Will Remake Our World.* Basic Books, 2015.

[16] H.L. Dreyfus. *What Computers Still Can't Do: A Critique of Artificial Reason.* MIT Press, Cambridge, MA, USA, 1992.

[17] H. Durrant-Whyte, L. McCalman, S. O'Callaghan, A. Reid, and D. Steinberg. Australia's future workforce? Technical report, Committee for Economic Development of Australia, June 2015.

[18] C. Edwards. Growing pains for deep learning. *Commun. ACM*, 58(7):14–16, June 2015.

[19] N. Ernest, D. Carroll, C. Schumacher, M. Clark, K. Cohen, and G. Lee. Genetic fuzzy based artificial intelligence for Unmanned Combat Aerial Vehicle Control in Simulated Air Combat Missions. *Journal of Defense Management*, 6(1), 2016.

[20] C.B. Frey and M.A. Osborne. The future of employment: How susceptible are jobs to computerisation? Technical report, Oxford Martin School, 2013.

[21] B. Gates. *The Road Ahead.* New York, Viking Penguin, 1994.

[22] I.J. Good. The mystery of Go. *New Scientist*, pp. 172–174, 1965.

[23] I.J. Good. Speculations Concerning the First Ultraintelligent Machine. *Advances in Computers*, 6:31–88, 1965.

[24] A. Hodges. *Alan Turing: The enigma.* Burnett Books, London, UK, 1983.

[25] V. Kassarnig. Political speech generation. *CoRR*, abs/1601.03313, 2016.

[26] J.M. Keynes. Economic Possibilities for Our Grandchildren. *The Nation and Athenaeum (London)*, 48.2 –3:36–37; 96–98, 1930.

[27] R.E. Korf. Finding optimal solutions to Rubik's cube using pattern databases. In *Proceedings of the Fourteenth National Conference on Artificial Intelligence and Ninth Conference on Innovative Applications of Artificial Intelligence*, AAAI Press, pp.700–705. 1997.

[28] R. Kurzweil. *The Singularity Is Near: When Humans Transcend Biology*. Penguin (Non-Classics), 2006.

[29] W. Leontief. Machine and man. *Scientific American*, 187(3):150–160, 1952.

[30] F. Levy and R.J. Murnane. *The New Division of Labor: How Computers Are Creating the Next Job Market.* Princeton University Press, 2004.

[31] Z.C. Lipton and C. Elkan. The neural network that remembers. *IEEE Spectrum*, February, 2016.

[32] J.R. Lucas. Minds, Machines and Gödel. *Philosophy*, 36(137):112–127, 1961.

[33] M. Minsky. *Computation: Finite and Infinite Machines.* Prentice Hall, New Jersey, 1967.

[34] V. Mnih, K. Kavukcuoglu, D. Silver, A. Rusu, J. Veness, M. Bellemare, A. Graves, M. Riedmiller, A. Fidjeland, G. Ostrovski, S. Petersen, C. Beattie, A. Sadik, I. Antonoglou, H. King, D. Kumaran, D. Wierstra, S. Legg, and D. Hassabis. Human-level control through deep reinforcement learning. *Nature*, 518:529—533 , 2015.

[35] H. Moravec. *Mind Children: The Future of Robot and Human Intelligence.* Harvard University Press, Cambridge, MA, USA, 1988.

[36] R. Penrose. *The Emperor's New Mind: Concerning Computers, Minds, and the Laws of Physics.* Oxford University Press, Inc., New York, NY, USA, 1989.

[37] J.R. Pierce. Whither speech recognition? *The Journal of the Acoustical Society of America,* 46(4B):1049–1051, 1969.

[38] S. Pinker. *The Language Instinct: How the Mind Creates Language.* HarperCollins, New York, USA, 1994.

[39] S. Pinker. Tech luminaries address singularity. *IEEE Spectrum*, June 2008.

[40] D. Remus and F.S. Levy. Can robots be lawyers? computers, lawyers, and the practice of law. Technical report, Social Science Research Network (SSRN), December 2015.

[41] J. Searle. Minds, brains and programs. *Behavioral and Brain Sciences,* 3(3):417–457, 1980.

[42] J. Searle. Is the brain's mind a computer program? *Scientific American,* 262(1):26–31, January 1990.

[43] C.H. Townes. *How the laser happened : adventures of a scientist.* Oxford University Press, New York, 1999.

[44] A.M. Turing. Computing machinery and intelligence. *MIND,* 59(236):433–460, October 1950.

[45] A.M. Turing. The chemical basis of morphogenesis. *Philosophical Transactions of the Rotal Society of London B: Biological Sciences*, 237(641):37–72, 1952.

[46] S. Ulam. Tribute to John von Neumann. *Bulletin of the American Mathematical Society,* 64(3), 1958.

[47] V. Vinge. The coming technological singularity: How to survive in the

post-human era. In H. Rheingold, editor, *Whole Earth Review*. Point Foundation, 1993.

[48] T. Walsh. Turing's Red Flag. *Communications of the ACM*, 59(7):34–37, July 2016.

[49] J. Weizenbaum. *Computer Power and Human Reason: From Judgment to Calculation*. W. H. Freeman & Co., New York, NY, USA, 1976.

[50] T. Weyand, I. Kostrikov, and J. Philbin. PlaNet: Photo geolocation with convolutional neural networks. *CoRR*, abs/1602.05314, 2016.

[51] W. A. Woods. Lunar rocks in natural english: Explorations in natural language question answering. In A. Zampolli, editor, *Linguistic Structures Processing*, pp. 521–569. North-Holland, Amsterdam, 1977.

注 释

引　言

[1] 1950年12月，艾伦·图灵设计的ACE原型计算机（Pilot ACE computer）向新闻界做了展示。截至当时，这是第11台通用可编程计算机（具体是多少台，要看你对"通用可编程计算机"概念是怎样定义的）。在此之前，我们已经制造出了：Z3（德国，1941年）；巨人马克1号（Colossus Mark 1，英国，1944年）；哈佛马克1号（Harvard Mark 1，美国，1944年）；巨人马克2号（英国，1944年）；Z4（德国，1945年）；埃尼亚克（ENIAC，美国，1946年）；曼彻斯特宝贝（Manchester Baby，英国，1948年）；曼彻斯特马克1号（Manchester Mark 1，英国，1949年）；埃地萨克（EDSAC，英国，1949年）；凯斯拉克（CSIRAC，澳大利亚，1949年）。到1951年，才制造出了第一台在商业上获得成功的电子计算机尤尼瓦克1号（UNIVAC 1）和曼彻斯特法朗尼（Manchester Ferranti）。接下来的10多年里，斯佩里·兰德公司（Sperry Rand）仅向美国人口普查局、美国陆军和若干保险公司等机构客户卖出了45台尤尼瓦克1号。图灵的人工智能之梦出现10多年以后，计算机仍然是稀少而昂贵的设备。今天，全世界使用着10亿台以上的计算机，其中最廉价者，花上百十块美元就能买到。60年来，我们走过了很长的一段路。

[2] 见[参考书目44]。

[3] 除了《时代》杂志的评委，还有很多人支持这一评价。在图灵诞辰100周年之际，《自然》杂志称他为"历代最顶尖的科学家之一"。

[4] "邦比"是一台用来破解 Enigma 密码的电动机械装置。它不是计算机，因为它缺少计算机的几个基本功能，比如存储程序。不过，它会执行一种计算形式，在德国 Enigma 密码机转子的诸多可能位置进行搜索寻找"槽口"（crib，也即一段合适的文本串，猜测出来的明文与密文中字母的一一对应关系）。

[5] 图灵机是一台假想的计算设备，它由一长串磁带，外加根据某一简单逻辑规则读取或写入磁带的磁头构成。它可以模拟任何计算机程序的动作。虽然十分简单，但它今天仍然是我们拥有的最基本的计算模型。

[6] 见 [参考书目 45]。英国皇家学会（这是全世界第一家，也是最著名的科学学会）于 1665 年创办《英国皇家学会哲学学报》（*Philosophical Transactions of the Royal Society*）。《英国皇家学会哲学学报》是英语世界历史最悠久的科学杂志。

[7] 1954 年，年仅 41 岁的图灵去世，调查认为他是自杀的。死因可能是他身边放着的一个吃了一半、含有氰化物的苹果。不过，这个苹果其实从未接受过氰化物检测。许多评论家都还记得，他最喜欢的电影是《白雪公主和七个小矮人》；另见 [参考书目 24]。

[8] 见 [参考书目 9]。

[9] 见 [参考书目 44]。

[10] 谷歌已经在 DeepMind 身上花了超过 5 亿美元，在 Wavii（自然语言处理公司）投入了 3000 万美元，此外，还在 7 家机器人公司上投入了上百万美元。

[11] 除非另有说明，本书所提及的金额均以美元为单位。

[12] 克劳德·香农出生于 1916 年，2001 年去世。他在麻省理工学院的硕士论文指出，布尔代数（Boole's algebra，我们会对它深入介绍）可以在电路中快速执行，构建一切逻辑功能。这个设想，被认为是当今一切计算机硬

件的基础。香农的这篇论文，据说有可能是 20 世纪最重要、最著名的硕士论文。他的理论为通信理论奠定了基础，描述了数字信息在嘈杂渠道（电报线路或是无线电链路）里传输存在的限制。1950 年，香农出版了第一本论述计算机象棋的科学论文。他和妻子贝蒂周末喜欢去拉斯维加斯，他使用算牌的办法来赢 21 点。

[13] 我下过几局围棋，每局都输得很惨。

[14] 库克和其他探险家还没从欧洲前往澳大利亚大陆之前，人们认为天鹅不可能是黑色的。公元 1 世纪，罗马诗人尤维诺（Juvenal）就写过，有些事情和黑天鹅一样罕见。

[15] 是的，你真的可以完全忽略尾注。

第一章 人工智能之梦

[1] 约翰·麦卡锡出生于 1927 年，2011 年去世。他对计算机科学做出了不计其数的贡献，尤其是在人工智能领域。1971 年，他获得计算机科学界最著名的图灵奖。他创办了斯坦福人工智能实验室（也称为斯坦福 AI 实验室，或简称"SAIL"），这是全世界最顶尖的人工智能研究中心之一。认识约翰是我的幸运。有一次，他到访澳大利亚，其间，我们俩同时在一个美好的夏日受邀到悉尼海港去参加航海之旅。当时，他已步入老年，身体有些虚弱，要用到轮椅。登船的时候，我一只脚站在码头，一只脚踏在船上，抱着约翰想把他抬到甲板上。就在这一刻，约翰僵住了，我也僵住了。我们既没法往前，也没法退后。我腾起一个念头：在人工智能史上，我恐怕要成为害他摔死的脚注了。这个念头给了我足够的力量，把他推上了船。但这趟旅程剩下的时间，我全用来思考怎么把他带下船了。5 年后，约翰在家里去世。不过，那趟航海之旅现在的确成了人工智能史上的一段脚注。

[2] 牛津英语词典在介绍"人工智能"一词时,追溯到了 1955 年 8 月达特茅斯大会上麦卡锡、马文·明斯基(Marvin Minsky)、纳撒尼尔·罗切斯特(Nathaniel Rochester)和克劳德·香农四人联手执笔的倡议。不过,一般认为是麦卡锡创造了这个词。

[3] 拉蒙·柳利出生于 1232 年前后,1315 年前后去世。他写了 200 多本书,还在其他几个领域做出了开创性贡献。2013 年,在他去世后 700 多年,我很幸运地主持了巴塞罗那召开的一场重要的人工智能大会。我们为他举办了一次特别活动,纪念他在这一领域做出的许多贡献。谢谢你,卡尔斯。

[4] 戈特弗里德·威廉·莱布尼茨出生于 1646 年,1716 年去世。莱布尼茨发明了若干台机械式计算器,改进了二进制数字系统(即当今每一台电子计算机的基础语言 0 和 1)。莱布尼茨最有名的地方大概是他独立于牛顿,发明了微积分(研究变化率的数学方法)。微积分已经成为大部分物理学要用到的语言。

[5] 语出 1685 年《发现的艺术》(*The Art of Discovery*)。

[6] 图灵机就是一种通用且正式的计算机,是一台操作纸带上符号的机器。

[7] 托马斯·霍布斯出生于 1588 年,1679 年去世。他更出名的地方或许是他写过一本书,名叫《利维坦》,书中提出了以哲学的方式论证国家的存在、论证道德的客观科学性。

[8] 出自:De Corpore (translated from the Latin), Chapter 1] 2, 1655。

[9] 10 年前的 1642 年,布莱兹·帕斯卡(Blaise Pascal)设计了一台机械式计算器。不过,有好几种能够做加法的机器都比这出现得更早,包括算盘和若干古希腊天文仪器。

[10] 勒内·笛卡儿出生于 1596 年,1650 年去世。他是第一批强调使用逻辑推理来发展科学知识的哲学家之一。

[11] 否定后件假言推理（Modus tollens）是反向推理的逻辑规则。它指的是，如果 X 表示 Y，假设 Y 推理不成立，X 也不成立。它可以用矛盾推理原则来证明，论述过程如下：假设 X 成立，且 X 表示 Y，Y 也必然成立。但这就跟 Y 不成立矛盾了。故此，我们的假设是错的：X 不成立。

[12] 乔治·布尔（George Boole），英国皇家学会会员，出生于 1815 年，1864 年去世。从数学上解释人类思考逻辑的设想，显然来自他 17 岁穿过唐卡斯特一块农田时偶然间出现的灵光一闪。不过，要等到十多年后，他才把这个设想形成书面文字。

[13] 布尔的妻子叫玛丽·埃佛勒斯（Mary Everest），她是测量师埃佛勒斯（埃佛勒斯测量了世界最高峰珠穆朗玛峰，后来这座高山便用了他的名字）的侄女。（译注：珠穆朗玛峰在英语里称为 Mount Everest，也即埃佛勒斯峰。）1864 年，布尔去大学讲课时下了雨，因为感冒病倒了。玛丽·埃佛勒斯是个顺势疗法医师，认为要顺势治疗才有利于布尔的病情。于是，她把丈夫裹上湿床单放在床上。许多人写道，她往患者身上一桶一桶地浇冷水，但这似乎是夸张说法。不管怎么说，布尔的病情恶化，毫无必要地死掉了。出于命运的偶然转折，布尔的曾曾孙之一杰弗里·埃佛勒斯·辛顿也将短暂地出现在我们的人工智能简史里，他是深度学习的顶尖领跑人。我在科克大学当教授期间，几乎每天都骑着自行车从布尔的房子旁绕过去，我总是想，要是他没有那么年轻就死去，他的理念将得到怎样的发展呢。

[14] 查尔斯·巴贝奇出生于 1791 年，1871 年去世。他是剑桥大学数学高级教授，牛顿和如今的史蒂芬·霍金（Stephen Hawking）都曾出任此职。制造机械式计算机的项目，他自己出了钱，政府也给予了大手笔的资助，项目设计精彩至极，而且投入了英国最优秀的工程制造能力，但仍以失败告终，淹没在了历史长河里。巴贝奇也无能为力。他是爱动怒的人，很讲究原则性，易受冒犯，经常跟他视为敌人的人当众争执。此外，这一项目宣传不

畅，资金使用不规范，太超前于时代，要想象这样的项目能取得成功实在很难。但如果它真的成功了，我们大概能够热切地着手开发思考机器了。1991年，他出生两百周年后，巴贝奇的"差分机"在伦敦科学博古馆建成。他的"分析引擎"里包含了现代数字计算机里包含的若干新颖功能，包括顺序控制、分支和循环。此外，英国还在进行另一个项目，希望能在2021年他去世150周年时完成"分析引擎"。

[15] 埃达·洛夫莱斯出生于1815年，1852年去世。她是诗人拜伦的女儿。为了纪念她，鼓励女性投身科学、技术、工程和数学主题，每年10月设有"洛夫莱斯纪念日"。

[16] 威廉·斯坦利·杰文斯出生于1835年，1882年去世。他最出名的事迹或许要数将数学方法应用到经济学（尤其是有关效用的设想）上。他在教科书《政治经济学理论》（*The Theory of Political Economy*，1857）中写道："很显然，经济学如果要成为一门科学，必然是数学的科学。"自此以来，许多经济学家一直在尝试攻克这一挑战，可惜未能成功。

[17] Philosophical Transactions of the Royal Society of London, 1870, Volume 160, page 517。

[18] 一个星期天的早上，杰文斯在黑斯廷斯附近的海里游泳时淹死，时年46岁。

[19] 大卫·希尔伯特出生于1862年，1943年去世。希尔伯特属于第一批思考元数学（即对数学本身进行数学研究）的人。

[20] 格奥尔格·康托尔出生于1845年，1918年去世。康托尔以简洁的"对角线"论证方法著称。这一论证，是图灵停机问题（Halting problem）的证明核心，也是哥德尔第一不完全性定理的证明核心。

[21] 用集合来代表数字有若干种方法。例如，我们可以通过空集合来表示数字0，用包含空集合的集合来表示1，用包含了代表数字1的集合的集

合（即该集合包含了含有空集合的集合）来表示 2，以此类推，直至无穷。

[22] 伯特兰·罗素伯爵出生于 1872 年，1970 年去世。1950 年，罗素因主张人道主义理想和思想自由的著作获诺贝尔文学奖。

[23] 库尔特·哥德尔出生于 1906 年，1978 年去世。他逃离纳粹德国，在普林斯顿大学高等研究院拿到了一个永久职位，并在那里跟阿尔伯特·爱因斯坦和约翰·冯·诺依曼（John von Neumann）成为好朋友。哥德尔是个有点怪异的人物。他甚至怪到要爱因斯坦（原本也是个怪人）陪他去接受入籍面试。但就算爱因斯坦在场，哥德尔仍然在入籍面试时说，美国宪法里有些固有的内在矛盾可导致独裁，并可用数学证明。好在他拿到了美国公民身份。他还有几个不太出名的地方：他为上帝的存在写过正式的证明；他因为害怕有人下毒，最后饿死了自己。

[24] 罗杰·彭罗斯爵士出生于 1931 年。他反对人工智能的观点引自他所著的《皇帝的新脑》一书 [见参考书目 36]。他认为人的意识并非算法，不能用传统的数字计算机建模。此外，他推测量子效应在人脑中扮演着至关重要的角色。这本书问世后不久，我邀请彭罗斯在爱丁堡大学人工智能系做了一次讲演（我当时在该大学任教）。彭罗斯来了，但他在讲演之前跟我吃午餐时说，来这里讲演让他感觉像是自寻死路，把脑袋放进狮子嘴里。当时，爱丁堡大学人工智能研究中心很出名，他感到紧张确实挺合理。虽然他的书获得了皇家学会"科学图书奖"，但他的观点却遭到了哲学家、计算机科学家和神经学家的质疑。我喜欢和彭罗斯一起吃午饭，但对他的讲演没那么喜欢。

[25] 实际上，彭罗斯反对人工智能可能性的一些观点跟 J.R.Lucas 最早提出的类似，见 [参考书目 32]。

[26] 从计算复杂性上来说，停机这一类的问题叫作"不可判定问题"。其他不可判定问题还包括：判断数学语句是否为真，判断两个数学函数是否

总是计算出相同的答案,以及希尔伯特的第 10 个问题(判断一个简单多项式方程是否具有整数解)。

[27] 从技术上来说,图灵的结论证明,存在图灵机无法解决的问题。这并不妨碍其他更丰富的计算模型可用来计算这些问题。然而,即便依靠更丰富的计算模型,如量子计算机,我们仍然会碰到此类不可判定的结果。举个例子,量子计算机可以比传统计算机更快地计算某些问题,但既然经典计算机可以模拟量子计算机,那么,停机问题哪怕用量子计算机也仍然无法判定。

[28] 确定一个数学语句是否为真,是希尔伯特的"判定性问题"。1936 年,阿隆佐·邱奇(Alonzo Church)使用自己的计算模型证明,计算机对此不可判定。1937 年,图灵使用自己的图灵机设想(在本质上等同于计算模型),独立地证明这个问题计算机不可判定。

[29] 1943 年,Zuse Z3 在盟军空袭中被摧毁。"巨人"的开发始于 1943 年 2 月,一年后,它解码了第一条消息,但它的存在,直到 20 世纪 70 年代才解密。和"巨人"不同,埃尼亚克 1946 年就公之于众,所以很多历史书籍都把它视为第一台计算机。曼彻斯特的小型实验机,绰号叫"宝贝",1948 年才制造出来,但它是第一台把程序放在存储器里的计算机,无须实际重新布线、改变开关就可改写。

[30] 几乎没有证据表明托马斯·沃森说过"全世界只需要 6 台计算机"这样的话。查尔斯·达尔文爵士(他就是那位著名的自然科学家的孙子)1946 年在担任英国国家物理实验室负责人时的确写过一篇报告,认为"很有可能","一台机器就足以解决全国需要它处理的所有问题"。

[31] 1978 年,赫伯特·西蒙因对决策的研究获诺贝尔奖。他与艾伦·纽厄尔一起合作编写了两套开创性的人工智能程序,用来证明数学定理的逻辑理论机(Logic Theory Machine,1956)和一般问题解决器(General Problem Solver,1957)。这是第一批把知识跟问题解决策略分开的程序之一,也是

20 世纪 80 年代出现的专家系统的（expert system）前身。

[32] 唐纳德·米基出生于 1923 年，2007 年因车祸去世。1960 年，他写了 MENACE（Machine Educable Noughts And Crosses Engine，直译为"可教育三连棋机"）。这是一套计算机程序，它学会了完美地下三连棋游戏。由于计算机当时不是随处可用，米基执行该程序时用数百个火柴盒来代表游戏的不同状态。

[33] 为免得你对达特茅斯夏季研究项目倡议产生批评态度，有必要指出：学者们在写捐款倡议时一贯过分乐观。学术体制在设计上可以说是鼓励这种行为。

[34] "摇摇"是一台摇摇晃晃的机器人。项目的领导者之一查尔斯·罗森（Charles Rosen）写道："我们忙活了一个月，想给它找个好听的名字，我们想了各种希腊语名字，各种稀奇古怪的叫法，后来有个人说，哎呀，它摇晃得这么厉害，又动来动去的，就叫它'摇摇'（Shakey）吧。"你可以到 https://vimeo] com/5072714 看一眼"摇摇"。

[35] 见 [参考书目 14]。虽然《生活》杂志的这篇文章写于 35 年前，但说是今天写的，也很应景："什么能向我们保证，在做出这些 [关键] 决定的时候，机器会始终考虑我们的最佳利益？……MAC 项目（MAC 是麻省理工学院 AI 项目的简称）的人们预见了一个甚至令人更加不安的前景。按照他们的推理，有了一台能为其他计算机编程的计算机，很快就会出现一台能够设计制造比它自己远为复杂和智能的计算机——由此无限循环。'我担心这样的上升螺旋，很快就会失去控制，'[麻省理工的] 明斯基说……人类大脑是不是过时了呢？细胞质的演进，是否会遭到电路演进的取代？'为什么不会呢？'我最近向明斯基提出这些问题，他这样回答。'说到底，人类大脑就是一台肉质计算机嘛。'我瞪大了眼睛，他却微微笑着。这个人 [明斯基] 在理论和电路错综复杂的丛林里住得太久了。不过，像明斯基这样的

人也值得佩服，说英勇也不为过。他们卡在了一场普罗米修斯式的冒险中，从他们眼里，你看得出来，他们被自己所做的事情困扰着。让我沮丧的是另外一些人，他们是人工智能世界里不那么出名的小人物，他们全神贯注地思考电路上无限微小的谜团，从来不曾从工作中抬起头来，想一想它对自己生活的世界会有什么影响。还有五角大楼里那些给大部分人工智能项目买单的人，他们又在想些什么？明斯基说：'我反反复复地警告过他们，我们走进了非常危险的领域。他们似乎不理解。'我想到，在这些粗心大意的人的照料下，'沙基'长大以后会变成什么样呢？没法预见。"本书或许算是对这些担忧情绪的一个迟到已久的回应吧。趁此机会，我从自己和同事们的工作中抬起头来，思考它有可能会对我们生活的世界造成什么样的影响。

[36] 为免得你担心是计算机作弊，我需要说明：投掷骰子的不是计算机，而是另一个独立的人。

[37] 约翰·汉斯·波尔莱纳出生于1929年。他是国际象棋大师，前世界通信国际象棋冠军。他对计算机象棋做出了无数贡献。事实上，他开发BKG 9]8，实际上是想通过专注于"更简单"的游戏（比如双陆棋），为评估象棋局势设计更优秀的工具。

[38] 见 [参考书目 5]。

[39] "伊莉莎"的名字来自萧伯纳剧作《卖花女》（Pygmalion）里的工人阶级角色伊莉莎·杜立特（Eliza Doolittle）。语音学教授亨利·希金斯（Henry Higgins）教伊莉莎把自己打扮成上流阶层的淑女。

[40] 约瑟夫·维森鲍姆出生于1923年，2008年去世。尽管他是人工智能的早期先驱，但他后来对这一领域进行了激烈的批评。2010年，他在纪录片《插头与祷告》（Plug and Pray）中作为主要角色之一出现，认为我们应该对该技术的走向持谨慎态度。

[41] 新泽西州的贝尔实验室最出名的地方，或许在于它1947年发明了

晶体管。晶体管是每台计算机和智能手机都拥有的逻辑结构块之一（当然了，晶体管在贝尔实验室发明之后，体积变得越来越小）。20 世纪 90 年代初，我偶然与贝尔实验室的人工智能研究小组聊过，事后还参观了实验室。我以为，这次参观的高潮来自展示第一个晶体管，世界各地的极客们都从教科书的照片上看到过它的样子：一大堆笨重的锗合金。可直到我们转过最后一个角落，回到接待处，视线里仍没有出现晶体管的身影。于是，我问道："（那个）晶体管到哪儿去了？"接待我的主人回答说："哎呀，我们清理东西的时候把它给弄丢了。"

[42] 约翰·皮尔斯出生于 1910 年，2002 年去世。他在贝尔实验室工作多年，并发明了"晶体管"一词。他还说过一句名言："资助开发人工智能是真正的愚蠢。"这句话的真假，我希望你自己来判断。

[43] 见 [参考书目 37]。讽刺的是，就在同一年，尼尔·阿姆斯特朗（Neil Armstrong）和巴兹·奥尔德林（Buzz Aldrin）登上了月球。

[44] 苹果的 Siri、百度、Google Now，微软的 Cortana，以及 Skype Translator 都使用深度学习。

[45] 道格拉斯·莱纳特出生于 1950 年。他说过一句名言："智能就是 1000 万条规则。"真要有这么简单就好了！

[46] CYC 项目一开始就打算对知识进行手工编码，这到底是不是个好主意，人们很难说得清。但就算我们能让计算机自己学习，在一套智能系统当中把所有的事实和规则单独列出，也是很有好处的。

[47] 休伯特·德雷福斯出生于 1929 年。在麻省理工与马文·明斯基等同事共同执教期间，他接触到了人工智能。

[48] 见 [参考书目 16]。明斯基撰文《为什么人们会认为有些事情计算机做不到》（Why People Think Computer's Can't），回应德雷福斯的《计算机做不到的那些事》。罗德尼·布鲁克斯（Rodney A] Brooks）也曾回应

德雷福斯的批评，撰文《大象不下象棋》（*Elephants Don't Play Chess*）。谁说科学家没有幽默感？

[49] 罗德尼·布鲁克斯 1954 年出生于澳大利亚，在麻省理工学院度过了大部分职业生涯。他最近创办了 iRobot 和 Rethink Robotics 公司，担任首席技术官，这两家公司制造了大量著名机器人，包括扫地机 Roomba 和工业机器人 Baxter。

[50] 布鲁克斯为机器人选择的名字，或许可以透露出机器人专家和自己作品之间的关系……

[51] "沃森"使用了 90 台 IBM Power 750 服务器组建起来的集群，该系统一共拥有 2880 个处理器线程，16T 的随机访问内存。

[52] ESPRIT 是欧洲信息技术研究战略计划（European Strategic Program on Research in Information Technology）一词的缩写，该计划持续时间为 1983 年至 1998 年。

[53] [参考书目 18] 对深度学习做了很好的调查。

[54] 加拿大人对深度学习的偏重，有赖于加拿大高级研究所（Canadian Institute for Advanced Research）的高瞻远瞩，该研究所于 1982 年创办，始终为有风险的冷门研究领域提供资助。

[55] DeepMind 成功玩了 49 款经典雅达利街机游戏的报道，可见 [参考书目 34]。

[56] DeepMind 不是神经网络成功玩游戏的第一个例子。早在 1992 年，使用神经网络的 TD-Gammon 程序学会了以超人水平玩西洋双陆棋。然而，TD-Gammon 在国际象棋、围棋和跳棋等类似游戏上的表现就不怎么好了。2013 年的突破之处在于，针对这 49 种游戏，程序使用的是同一种学习算法，没有任何额外背景知识。

[57] 每 4 个尝试攀登 K2 的人，就有一个死亡。相比之下，攀登珠穆朗

玛峰的，每15个人里才有一人死亡。著名人工智能研究员，我的同事罗伯·米林（Rob Milne）就葬身于珠穆朗玛峰。他在爱丁堡大学攻下博士学位后，成为五角大楼的首席人工智能科学家。他回到苏格兰创办了智能应用有限公司。每次碰到他，他都会给我讲他在山里最新的冒险故事。只可惜，攀登世界最高峰时，目标近在眼前，他却倒下了。他在工作和业余爱好上的表现都充满了勃勃雄心。

[58] 特斯拉处于自动驾驶模式时，请勿观看电影，你仍然需要留心意外状况。2016年初，佛罗里达州的约书亚·布朗（Joshua Brown）因车祸丧生：他开着处于自动驾驶模式的特斯拉，撞上了一辆转弯的卡车。据说，他当时正坐在司机位上，只不过在看电影《哈利波特》。

第二章 测量人工智能

[1] 见 [参考书目 31]。

[2] 勒布纳总是热切地提醒人们，和自己的奖牌不同，奥运会金牌不是纯金的。

[3] 马文·明斯基出生于1927年，2016年去世。按科普作家卡尔·萨根（Carl Sagan）的说法，他这辈子就遇到过艾萨克·阿西莫夫（Isaac Asimov）和马文·明斯基这两个智力超过自己的人。明斯基是著名导演斯坦利·库布里克（Stanley Kubrick）电影《2001太空漫游》的科学顾问。人工智能研究员雷·库兹韦尔（Ray Kurzweil）曾表示，Alcor公司保存了明斯基的尸体，并将于2045年左右让他苏醒过来。有趣的是，库兹韦尔预言机器超越人类智能也是在这一时期。库兹韦尔、尼克·波斯特洛姆（Nick Bostrom）和其他几位人工智能研究员也加入了明斯基的队伍，花钱要求在至少零下200摄氏度保存自己的身体。

[4] 除了同名奖项之外，休·勒布纳还因频频发起卖淫合法化活动而出名。

[5] 2014年6月8日，雷丁大学发布的新闻稿名为《人工智能里程碑，电脑首次通过图灵测试》。文章一开始就说："在雷丁大学组织的一场活动中，由现代计算机科学之父艾伦·图灵设定的人工智能历史性里程碑，已经实现了。星期六，一款名叫尤金·古斯特曼的计算机程序，通过了2014年伦敦皇家学会举办的图灵测试。这项标志性测试，已经有65年的历史。开发团队包括'尤金'的创作者弗拉基米尔·维塞洛夫（Vladimir Veselov），他出生于俄罗斯，现居美国，此外还有乌克兰籍的尤金·杰姆琴科（Eugene Demchenko），现居俄罗斯。"文章还引用特立独行的人工智能研究员、教授凯文·沃里克（Kevin Warwick）的话作为结束。沃里克对这场图灵测试表示支持："皇家学会的会员艾伦·图灵在1954年6月7日去世前不久预测，假以时日，计算机能通过他的测试。很难想象，他能设想出今天的计算机，以及计算机之前的连接网络是什么样子。"我不认同凯文·沃里克的看法。艾伦·图灵对当今计算机的能力，以及要花多久才能制造出思考机器，都有过设想。（另外，2014年6月并不是人们第一次声称有程序通过了图灵测试。2011年，NBC新闻报道，"聪明机器人"（Cleverbot）通过了图灵测试，它在印度古瓦哈提举办的科技节上骗过了许多评委。）

[6] 见 [参考书目 33]。

[7] 见 [参考书目 14]。

[8] 见 [参考书目 30]。

[9] 1995年，欧洲人展示自动驾驶汽车的一年以后，卡内基梅隆大学的改装庞蒂亚克小型运输车 NavLab 4，横穿美国行驶了 3000 英里，计算机操纵的时间占 98%。然而，跟欧洲项目不同，人类仍然控制油门和刹车。

[10] 本着充分披露信息的立场，我本人就是接受了穆勒和波斯特洛姆调查的研究人员之一。

[11] "2012年，牛津大学的文森特·穆勒和尼克·波斯特洛姆询问 550

名专家……"（Slate，2016 年 4 月 28 日）

[12]"2014 年，文森特·穆勒和尼克·波斯特洛姆对 170 名人工智能顶尖专家做了调查……"（Epoch Times，2015 年 5 月 23 日）

[13] 回应了穆勒和波斯特洛姆调查的 170 名受访者里，有 29 人出自"人工智能行业前 100 名优秀作者"，这份名单由微软学术搜索（Microsoft Academic Research）基于出版数据汇总。

[14] 穆勒和波斯特洛姆调查的两场大会是通用人工智能会议（AGI 12）和通用人工智能的影响及风险会议（AGI-Impacts 2012）。这两场大会均由穆勒和波斯特洛姆于 2012 年 12 月筹办组织。

[15] 再一次本着充分披露原则：我也是接受本次调查的 80 名受访者之一。

[16] 按照定义，超级人工智能会抢了人工智能研究人员的工作。故此，有论点认为：超级智能必然出现在所有人工智能研究员退休年龄之后！

[17] 最初，2016 年威诺格拉德模式挑战赛获胜者的准确率是 48%。然而，就算是投掷硬币来回答测试的人也有望达到 45% 的正确率（因为 60 道题目里有几道存在两个以上的可行答案）。很遗憾，主办者在输入文件里犯了个错误。修正了该失误之后，获胜者（中国科技大学的刘权）的成绩提高了，正确率达到了 58%。

第三章 当今人工智能的情况

[1] 如需更详尽地了解机器学习部落，请见 [参考书目 15]。佩德罗·多明戈斯确认的是 5 个机器学习部落，但我更偏向于用"宗教团体"这个说法。如果你曾经听过两支宗教团体的成员辩论，坚决不肯向对方让步，你就会理解为什么。

[2] 托马斯·贝叶斯约 1701 年出生，1761 年去世。他是统计学家、哲学家和长老会牧师，他的同名定理解决了"逆概率"问题。假设我们知道一口缸里黑球和白球的数量，可以迅速计算出随机抽到黑球的概率。贝叶斯定理允许我们做相反的事情。如果我们观察到抽出黑色球的概率，便可推断出缸里黑球和白球的可能比例。类似地，如果计算机程序观察到一些数据（如相机上的像素），我们可以使用贝叶斯法来推断它最有可能是猫还是狗。

[3] 答案是 $\int \frac{x+7}{x^2(x+2)}dx = -\frac{5}{4}\ln|x| - \frac{7}{2x}\ln|x+2| + c$。

[4] 1968 年，麻省理工开始开发 Macsyma 计算机代数系统，是当时人工智能编程语言 LISP 所写的最大程序之一（甚至有可能是最大）。

[5] 数学 A 级考试是英国中学毕业考试，相当于澳大利亚新南威尔士州的高中毕业考试，或是美国和加拿大的高中结业考试。

[6] 如用弧度来测量角度的话，那么，如果 $\cos(x)+\cos(3x)+\cos(5x)=0$，那么 $x = \frac{(2n+1)\pi}{6}$ 或 $\frac{(3n\pm1)\pi}{6}$。

[7] 西蒙·柯尔顿现为伦敦大学金史密斯学院英国法尔茅斯大学创新计算学教授。他的另一项发明是能"画画"的程序"绘画傻瓜"（Painting Fool）。他希望有一天，这款程序能被接纳为独立画家。艾伦·邦迪（Alan Bundy）和我有幸指导了西蒙的博士生研究。

[8] HR 的更多情况，请见 [参考书目 12]。

[9] "深空 1 号"的名字里虽然也有个"深"字，但它跟深度学习无关。事实上，"深空 1 号"的控制软件并未使用任何形式的机器学习。

[10] Baxter 由机器人创业公司 Rethink Robotics 生产制造。该公司的创办人是著名的褴褛洲人工智能专家罗德尼·布鲁克斯。Baxter 可执行生产线上的简单、重复性任务。无须编程也可以教 Baxter 做工作。你把它的手挪到指定方向，Baxter 会记住任务，并能够重复。按照设计，它还可以安全地在人类身边工作，不必像早前的许多工业机器人那样关在笼子里。

[11] 互联网对猫咪很着迷。不足为奇，ImageNet 光是猫咪的图片就有 62 000 多张。

[12] 大规模视觉识别挑战赛的失误率指的是：算法未能为图片从 5 个疑似标签中找到正确标签的百分比。

[13] 见 [参考书目 51]。

[14] 有少数游戏，如《过山车大亨》（*Mornington Crescent*），有违这一观察结论："游戏有着准确的规则，一清二楚的获胜方"。

[15] 我父亲是四子棋迷，于是我把这套能下完美四子棋的程序送给他当礼物。他评论说，这款程序简直破坏了游戏的乐趣。对此，我不能不表示同意。

[16] IBM 显然不认为销售象棋程序会是多大的买卖，毕竟，大多数人并不需要"深蓝"专为下国际象棋设计的硬件。

[17] 出处见 "DeepMind founder Demis Hassabis on how AI will shape the future", the Verge, March 10th 2016。

[18] ELO 评分是一种计算两人游戏（如国际象棋）玩家相对技能水平的方法。ELO 得名自它的发明者，匈牙利出生的美国物理学教授 Arpad Elo。卡斯帕罗夫的巅峰 ELO 得分是 2851。"口袋弗里茨 4 号"的 ELO 得分是 2898。"深弗里茨"的得分达到了惊人的 3150，远远超过了人类有史以来最优秀的棋手马格努斯·卡尔森（Magnus Carlsen），他的得分仅为 2870。

[19] 见 [参考书目 27]。

第四章 人工智能的局限性

[1] 美国空军研究实验室参与了部分开发工作的一套人工智能程序，在高质量的空战模拟中，能够击败若干人类专家。见 [参考书目 19]。

[2] 谷歌的研究员训练一套神经网络猜测谷歌街景图随机选出的照片位置，它表现得很出色，有时甚至比人类还好。见 [参考书目 50]。

[3] 20 世纪 80 年代初，加利福尼亚一家医院就使用专家系统 PUFF 来诊断肺部疾病，它的表现跟人类医生同样出色。

[4] 约翰·希尔勒出生于 1932 年，他对制造思考机器这一目标提出了最为苛刻的批评。"关键不在于计算机只冲过了 40 码线，没能一路冲过 [思考] 进球线。"他写道，"计算机甚至从没真正开始过，它根本就没在玩这个游戏。"（见 [参考书目 42]）

[5] 见 [参考书目 41]。

[6] 见 [参考书目 11]。

[7] 为契合此处的背景，最大规模的人工智能大会能吸引到上千与会者，而最大规模的通用人工智能年会只能吸引到寥寥几百个人。

[8] 见 [参考书目 7]。

[9] 约翰·克拉克出生于 1785 年，1853 年去世。在"尤里卡"机器前面铭刻着如下韵文：

一颗宝石，纯净无瑕

静谧地躺在，深不可测的漆黑海底洞穴

多少朵生来就要开放的花，无人看见

芬芳飘散在荒芜的空气里

许多崇高的思想

在黑暗中孕育，在这里徐徐展开

数字和时间的奥秘

将以金色的字符揭示

抄下这台机器作出的每句诗吧

记录下它瞬间飞逝的想法吧

一句诗，一旦消失，或许永远也看不见了

一个念头，一旦飞过，或许永远飞不回

[10] 见 [参考书目 10]。

[11] 迈克尔·波兰尼出生于 1889 年，1976 年去世。他是个博学的化学家，"二战"时逃出纳粹德国，在哲学和社会科学上作出了贡献。他的两位弟子，还有他的儿子，曾得过诺贝尔化学奖。他认为，"默会知识"是自己最重要的发现。

[12] 见 [参考书目 4]。

[13] 人工智能研究人员或许该从奥图这些经济学家那里学点宣传思想的技巧。波兰尼悖论也远比莫拉维克悖论广为人知。

[14] [参考书目 35]。

[15] 本书的各位读者，不妨自行判断平克的话是对还是错。

[16] 见 [参考书目 38]。平克在这个方面是对的。上述所有问题都把 Siri 给难倒了。

[17] 2008 年，Springer 出版了《机器人手册》第二版。要想在 2058 年累计到 56 版，他们恐怕还得再版得更频繁些——每年不止一次。

[18] 后来，前三条定律的局限性突显出来，阿西莫夫推出了第四定律："机器人不得伤害人类，亦不得因不作为令人类受到伤害。"这一定律排在其他三条定律的前面，称为零号定律。他意识到，有些时候，机器人伤害人类，或许是它所能采取的最合适行为。然而，零号定律无非又制造了若干新问题。机器人怎样判断什么会伤害人类呢？伤害人类的意思到底是什么呢？是活着的人的福祉重要，还是那些尚未出生的人的福祉重要，我们该怎样权衡呢？

[19] 见 [参考书目 3]。

[20] I.J. 古德出生于 1916 年，2009 年去世。处理计算机围棋的人工智能

研究员,由古德部分负责。图灵教他下围棋,1965年,他为《新科学家》写了一篇关于围棋的文章,提出围棋的挑战性比国际象棋要大得多(见[参考书目22])。第一套计算机围棋程序过了几年才问世。

[21] 大约10年前,我发现,谷歌把我的名字当成AdWord卖给了一家公司。我客气地让谷歌把名字还给我,但他们拒绝了。他们很开心地让算法把我的名字卖给了出价最高的人,好在买下我名字的公司乐意放弃购买。我其实挺惊讶的,怎么会有人肯出钱买我的名字呢,照我想,花一个子儿都嫌多。

[22] 我建议你上必应,试试它的自动完成功能会怎么补充"政客"一词。

[23] COMPAS 是 Correctional Offender Management Profiling for Alternative Sanctions(矫正防卫管理替代制裁模型)的缩写,人工智能研究人员超爱缩写。

[24] 见[参考书目48]。

[25] 约翰·冯·诺依曼出生于1903年,1957年去世。和图灵一样,他是计算科学的奠基人之一。他发明了当今计算机的标准架构:内存、中央处理单元、算法和逻辑处理单元、输入/输出设备,以及将它们连接起来的总线。为对此表示纪念,提起智能手机、平板电脑、笔记本电脑和台式电脑,我们仍然会把它们所采用的架构称为冯·诺依曼架构。冯·诺依曼博学多才,为数学、物理学、经济学、统计学和运算学作出了诸多重大贡献。他去世时,正在撰写一本名叫《计算机与大脑》的书。这本未完之作有96页厚,1958年出版,本书讨论了大脑和当时的计算机存在的几个重要区别,比如处理速度和并行处理。不过,他指出,因为两者在通用性质上类似,计算机能够模拟大脑。

[26] 见[参考书目46]。

[27] 见[参考书目23]。

[28] 见 [参考书目 47]。

[29] 见 [参考书目 28] 和 [参考书目 8]。

[30] 本小节的标题,"奇点可能永远不会到来",是在呼应雷·库兹韦尔 2005 年的《奇点迫近》(*The Singularity Is Near: When humans transcend biology*) 一书。书中,库兹韦尔讨论了人工智能,并以奇点出现为前提,预测了人类的未来。

[31] 见 [参考书目 47]。

[32] 见 [参考书目 39]。

[33] 见 [参考书目 6]。

[34] 见 [参考书目 10]。

[35] 深度学习三巨头分别是杰弗里·辛顿(Geoffrey Hinton)、扬·勒丘恩和约书亚·本吉奥(Yoshua Bengio)。杰弗里·辛顿是乔治·布尔(George Boole)的曾曾孙。2013 年,谷歌收购了杰弗里的创业公司,现在,他在谷歌和多伦多大学两头工作。同样是在 2013 年,扬·勒丘恩离开了纽约大学数据科学中心,出任 Facebook 人工智能研究第一任总监。约书亚·本吉奥仍留在学术界,现在蒙特利尔大学。

[36] 出自 [参考书目 18] 勒丘恩的引言。

[37] 智商(IQ)是根据平均智商为 100 的人群来定义的。

[38] 此一无穷之和仅为 2。

[39] 见 [参考书目 2]。

[40] 更准确地说,阶乘比指数增长得更快。例如,$[\lim_{n \to \infty} \frac{2^n}{n!} = 0]$。实际上,对任何有限的 a,我们都有 $[\lim_{n \to \infty} \frac{a^n}{n!} = 0]$。

第五章 人工智能的影响

[1] 见 [参考书目 49]。

[2] 见 [参考书目 26]。

[3] 瓦西里·列昂季耶夫出生于 1906 年，1999 年去世。他根据经济体中不同行业的投入来预测其产出，并因此获得诺贝尔经济学奖。从数学上来说，他的方法是谷歌 PageRank 算法的前身，该算法根据导入链接的重要性，迭代预测网页本身的重要性。

[4] 见 [参考书目 29]。

[5] 三重革命特设委员会确认的三重革命分别是：提升自动化的自动控制革命、同归于尽的武器革命，以及 20 世纪 60 年代的人权革命。委员会备忘录主要关注的是第一场革命。

[6] 见 [参考书目 20]。

[7] 这里，我必须介绍一下自己的背景情况：在 CSIRO 所属的 Data61 研究单位工作，它主要关注的是数据科学。

[8] 见 [参考书目 40]。

[9] 加扎利出生于 1136 年，1206 年去世。他是发明家、机械工程师、工匠、画家、数学家和天文学家。他最著名的事迹就是撰写了《妙器知识书》。有人认为他是机器人之父。

[10] 决不允许政客们自满，这应该成为社会的规矩。

[11] 见 [参考书目 25]。

[12] 见 [参考书目 17]。

[13] "人权观察"对武器禁令有一份出色的跟踪记录。"人权观察"是禁止使用反步兵地雷的《渥太华条约》背后的非政府组织之一，还参与了帮忙实施集束弹药禁令的"集束弹药联盟"。非政府组织"第 36 条"的名字

得自《日内瓦公约》1977年的《第一附加议定书》。"第36条"要求各国审核新武器、战争的新手段和新方法,确保其符合国际法。一些国家(包括英国)认为这些审核也适用于控制致命性自主武器。然而,在这一方面,此类审核的历史,却没有给我什么信心。帕格沃什科学和世界事务会议,以科学的洞见和理性来论述核武器及其他大规模杀伤性武器给人类带来的威胁。1995年,他们获得了诺贝尔和平奖。(帕格沃什船长是一部英国动画片虚构出来的海盗,他有一位副手——有着儿童电视节目里最下流的名字。)

[14] 博弈理论研究的是智能理性决策者之间冲突及合作的简单数学模型。人们一般认为约翰·冯·诺依曼是博弈理论之父。不过,博弈理论的部分概念至少可追溯到17世纪。1994年,约翰·纳什因为对博弈理论的研究,与他人同获诺贝尔经济学奖。同名电影和书《美丽心灵》对此作了记录。他的博士论文(也属于他获得诺贝尔奖的部分成就)着眼于非合作博弈理论,仅有20页的篇幅,只包含了两条引用。

第六章 技术变革

[1] 尼尔·波兹曼出生于1931年,2003年去世。他是著名作家、文化批评家。他撰写过大量影响深远的书籍,包括《教育的终结:重新界定学校的价值》(*The End of Education: Redefining the Value of School*)、《技术垄断:文明向技术投降》(*Technopoly: The Surrender of Culture to Technology*)、《童年的消逝》(*The Disappearance of Childhood*)。30年前,他的《娱乐至死》(*Amusing Ourselves to Death: Public Discourse in the Age of Show Business*)预示了特朗普总统的上台:"我们的政治、宗教、新闻、体育、教育和商业,未经太多抗议,甚至没有发出太多反抗的杂音,就转变成了跟作秀生意情投意合的附庸。预示,我们成了一个几乎娱乐至死的民族。"波兹曼论述

技术变革的讲演，来自1998年3月在丹佛举办的新技术大会（New Tech 98 Conference）。大会的主题是："新技术和人——在新千年沟通信仰。"

[2] 并没有证据证明亨利·福特说过这样的话。这句引言最早出现在印刷媒体，是在15年前。另一句话，也经常安在福特头上："我认为这些新时钟没什么优势。它们并不比100年前制造的钟转得更快。"这话暗示福特同样会犯缺少预见性的错误，只不过，仍然没有证据支持此话确为福特所说。

[3] 查尔斯·汤斯出生于1915年，2015年去世。他因为对微波和激光的研究赢得了1964年的诺贝尔奖。他的这句话（即第一批研究激光的人，无法预见到它日后的诸多用途），可见[参考书目43]。

[4] 国际货币基金组织的分析认为，提高穷人和中产阶级的收入份额，能扩大发展，而提高最富裕的20%群体的收入份额，只会妨碍发展。富人变得更富，利益并不会涓滴到穷人身上。而如果穷人变得更富，富人也会变得更富。（见[参考书目13]）

第七章 十项预测

[1] 见[参考书目21]。

[2] 第一代iPhone手机2007年上市。10年前的1996年，诺基亚9000 Communicator上市。黑莓6210手机也要到2003年才出现。

图书在版编目（CIP）数据

人工智能会取代人类吗？/（澳）托比·沃尔什著；
闫佳译. -- 北京：北京联合出版公司，2018.7
ISBN 978-7-5596-2122-1

Ⅰ.①人… Ⅱ.①托…②闫… Ⅲ.①人工智能-研究 Ⅳ.①TP18

中国版本图书馆CIP数据核字（2018）第088821号

著作权合同登记号 图字：01-2018-2774

IT'S ALIVE! ARTIFICIAL INTELLIGENCE FROM THE LOGIC PIANO TO KILLER ROBOTS By TOBY WALSH
Copyright: ©2017 BY TOBY WALSH
This edition arranged with La Trobe University Press, an imprint of Schwartz Publishing Pty Ltd
Through BIG APPLE AGENCY, INC., LABUAN, MALAYSIA.
Simplified Chinese edition copyright:
2018 BEIJING MEDIATIME BOOKS CO., LTD.
All rights reserved.

人工智能会取代人类吗？

作　　者：（澳）托比·沃尔什
译　　者：闫　佳
总 发 行：北京时代华语国际传媒股份有限公司
责任编辑：夏应鹏
封面设计：红杉林文化
版式设计：姜　楠

北京联合出版公司出版
（北京市西城区德外大街83号楼9层 100088）
北京中科印刷有限公司印刷　新华书店经销
字数200千字　　700毫米×1000毫米　1/16　　16印张
2018年7月第1版　2018年7月第1次印刷
ISBN：978-7-5596-2122-1
定价：59.80元

未经许可，不得以任何方式复制或抄袭本书部分或全部内容
版权所有，侵权必究
本书若有质量问题，请与本社图书销售中心联系调换。电话：010-83670231